David J. Eicher

Galaxien

David J. Eicher

Galaxien

Sternenstädte
des Universums

PREMIUM
riva

Bibliografische Information der Deutschen Nationalbibliothek:
Die Deutsche Nationalbibliothek verzeichnet diese Publikation in der
Deutschen Nationalbibliografie.
Detaillierte bibliografische Daten sind im Internet über http://dnb.d-nb.
de abrufbar.

Für Fragen und Anregungen:
info@rivaverlag.de

1. Auflage 2020
© 2020 by riva Verlag, ein Imprint der Münchner Verlagsgruppe GmbH
Nymphenburger Straße 86
D-80636 München
Tel.: 089 651285-0
Fax: 089 652096

Die englische Originalausgabe erschien 2020 bei Clarkson Potter/
Publishers, ein Imprint von Random House, Penguin Random House LLC,
New York, unter dem Titel *Galaxies: Inside the Universe's Star Cities*.
© 2020 David J. Eicher. All rights reserved.

Übersetzung: Martin Rometsch
Redaktion: Susann Harring
Umschlaggestaltung: Marc-Torben Fischer
Umschlagabbildung: NASA, ESA und das Hubble Heritage Team (STScI/
AURA)
Illustriert von Irene Laschi
Satz: Müjde Puzziferri, MP Medien, München
Druck: Firmengruppe APPL, aprinta Druck, Wemding
Printed in Germany

ISBN Print 978-3-7423-1537-3
ISBN E-Book (PDF) 978-3-7453-1210-2
ISBN E-Book (EPUB, Mobi) 978-3-7453-1211-9

Weitere Informationen zum Verlag finden Sie unter
www.rivaverlag.de
Beachten Sie auch unsere weiteren Verlage unter www.m-vg.de

Vorherige Seite M106: EIN WIRBEL AUS GAS UND STERNEN
Die Spiralgalaxis M106 im Sternbild Jagdhunde ist 24 Millionen
Lichtjahre entfernt und so hell, dass sie für Beobachter, die
ein Teleskop besitzen, ein vertrauter Anblick ist. Sie war eine
der ersten Galaxien, in denen ein supermassereiches zentrales
schwarzes Loch entdeckt wurde. Es handelt sich um eine Seyfert-
Galaxie mit einem unregelmäßigen aktiven Energieausstoß. Ihr
schwarzes Loch hat etwa die gleiche Masse wie unsere Milchstraße
– 3,9 Millionen Sonnenmassen. M106 enthält auch Cepheiden,
pulsationsveränderliche Sterne, die äußerst wichtig sind, um
Entfernungen im Kosmos zu messen, indem sie es den Astronomen
ermöglichen, ihre Entfernungsmessungen zu verfeinern.

DIE MAGELLANSCHEN WOLKEN ÜBER DER ATACAMA-WÜSTE
Auf diesem Bild sind zahllose Sterne unserer Milchstraße, der
Galaxis, zu sehen. Es wurde in der hochgelegenen Atacama-Wüste
in Chile aufgenommen, wo der Himmel so dunkel ist wie vermutlich
nirgendwo sonst. Die großen und kleinen Magellanschen Wolken
sind Satellitengalaxien der Milchstraße und auffällige Gebilde am
Himmel.

Umseitig DIE BLACKEYE-GALAXIE IM HAAR DER BERENIKE
Ein weiteres Lieblingsmotiv der Amateurhimmelsbeobachter, die
Blackeye-Galaxie (M64) im Haar der Berenike, beeindruckt mit
einem breiten, bogenförmigen Streifen aus Staub, der sich quer
über ihre Nabe erstreckt und dem sie ihren Spitznamen verdankt.
Diese gegenläufig rotierende Galaxie besteht aus Scheiben, die
möglicherweise aus einem Zusammenstoß hervorgegangen sind. Sie
ist 17 Millionen Lichtjahre von uns entfernt.

FÜR BRIAN MAY,

der die Galaxis zu einem
viel interessanteren Lebens-
raum macht

INHALT

Vorwort — 8

Einleitung — 13

Kapitel 1

WAS SIND GALAXIEN?

18

Kapitel 2

IM INNEREN DER MILCHSTRASSE

74

Kapitel 3

NACHBARGALAXIEN: DIE LOKALE GRUPPE

108

Kapitel 4

DER VIRGO SUPERHAUFEN

150

Kapitel 5

GALXIEN BIS ZUM RAND DES UNIVERSUMS

210

Literaturverzeichnis— 244

Bildnachweis — 246

Danksagung — 248

Register — 251

Vorwort

m ersten Viertel des 20. Jahrhunderts galten Galaxien zunächst als Spekulation, dann als beobachtbare Tatsache. Anfang der 1930er-Jahre schätzte man Entfernungen (wenn auch ungenau wegen einiger damals noch nicht bekannter Probleme) und wies die Expansion des Universums nach. Die Milchstraße wurde zu einem Teil einer riesigen Familie von Galaxien, die ihrerseits von ihren Sternfamilien erleuchtet werden. Auf optischen Bildern schienen die Galaxien deutlich voneinander getrennt zu sein; deshalb wurde der Begriff »Inseluniversen« geprägt. Diese Vorstellung von isolierten Regionen hielt sich jahrzehntelang.

Nach 1950 bereicherten große optische Teleskope und technische Neuerungen unser Galaxienmodell. Radioteleskope zeigten interstellares Gas, oft mit der Masse von Milliarden Sonnen, und wiesen nach, dass manche Galaxien einen Großteil ihrer Energie in Form von Radiowellen abgeben, was enorme Elektroneninjektionen mit annähernder Lichtgeschwindigkeit voraussetzt. Diese Daten und Beobachtungen mit Röntgenteleskopen führten zu der Erkenntnis, dass in den Zentren der meisten Galaxien schwarze Löcher mit der Masse vieler Millionen Sonnen lauern.

Laut der gemeinhin anerkannten Urknalltheorie haben sich Galaxien im frühen Universum gebildet und dann ihre heutige Struktur entwickelt. Allerdings lieferten die theoretischen Modelle, nach denen Galaxien nur aus normaler baryonischer Materie bestehen, keine überzeugenden Ergebnisse. Die Antwort kam stattdessen aus einer unerwarteten Ecke. Bei Scheibengalaxien nämlich nahm die Rotationsgeschwindigkeit bei großen Radien nicht ab, was der Fall wäre, wenn sie nur aus sichtbaren Sternen und Gas bestünden. Ein zusätzlicher, unsichtbarer Bestandteil – die Halos (Lichthöfe) aus dunkler Materie – umgibt offenbar die Galaxien und stellt den größten Teil ihrer Masse. Theorien, die von dunkler Materie als Hauptbestandteil der Galaxien ausgehen, passen nicht nur zu den vorliegenden Daten, sondern ermöglichten auch die Entwicklung eines nachprüfbaren theoretischen Rahmens für die Bildung und Entwicklung von Galaxien.

Ende des 20. Jahrhunderts eröffneten das Weltraumteleskop Hubble und erdbasierte Spiegelteleskope mit acht bis zehn Metern Durchmesser den Weg zum Studium junger Galaxien. Einer der großen Vorteile der Astronomie ist ihre Fähigkeit, in die ferne Vergangenheit blicken zu können. Diese frühen Teleskope und ihre Nachfolger, die viele Wellenlängen auffingen, enthüllten, dass junge Galaxien kompakt und interaktiv sind und bisweilen Sterne in enormer Zahl hervorbringen. In anderen Fällen sind die ausgestoßenen Energien, die der von Milliarden Sonnen entsprechen, auf junge, supermassereiche schwarze Löcher zurückzuführen, die rasch wachsen, indem sie Gas und wahrscheinlich auch Sterne verschlingen. In Übereinstimmung mit dem Schwarze-Materie-Modell, das von einem hierarchischen Wachstum durch Verschmelzung ausgeht, waren die jungen Galaxien nun alles andere als die behäbigen Inseluniversen der 1930er -Jahre!

Und wo stehen wir heute? Wir wissen, dass Galaxien komplexe physikalische Systeme sind, die eine dramatische Entwicklung durchmachen, wenn sie älter werden. Sie interagieren mit ihrer Umgebung, indem sie Gas langfristig in Form von Sternen speichern und Materie in schwarze Löcher umwandeln. Das Vorhandensein von Halos aus schwarzer Materie entspricht dem Standardmodell, das wir ständig überprüfen, indem wir die Entwicklung und Struktur des Universums immer besser simulieren und die Simulation dann mit unseren immer präziser werdenden Beobachtungen vergleichen. Dank Hochleistungsteleskopen, die viel mehr sehen als unsere Augen und einen großen Teil des elektromagnetischen Spektrums einfangen, können wir nun die Komplexität der Galaxien bewundern und studieren. Gleichzeitig können wir ihre himmlische Schönheit genießen, wenn wir sie in Myriaden von Sternen oder fantastische Strukturen aus interstellarem Gas auflösen.

Dieses Buch ist eine Einführung in die Welt der Galaxien aus dem Blickwinkel des 21. Jahrhunderts. Wir haben viel gelernt, seitdem vor fast hundert Jahren die Existenz von Galaxien allmählich anerkannt wurde. Doch es liegt noch eine lange Reise vor uns, bis wir diese Naturwunder ganz verstehen werden. Genießen Sie diesen Reiseführer mit seinen vielen Bildern von Galaxien, und wenn Sie die Möglichkeit haben, eine Galaxie durch ein Teleskop zu betrachten, wahrscheinlich als Lichtfleck, wird Ihnen noch bewusster, warum das, was Sie sehen, eines der größten Wunder der Natur ist.

JAY GALLAGHER
Madison, Wisconsin

LEBHAFTE FARBEN DER ANDROMEDA-GALAXIE
Dieses spektakuläre Portrait der Andromeda-Galaxie
zeigt sie in ihrer ganzen lebhaften Farbenpracht, mit
blauen Spiralarmen, gefüllt mit Sternengeburten, und
älteren gelblichen Sternen in der Nähe des galaktischen
Zentrums.

DIE KOSMISCHE KOLLISION ZWISCHEN UNSERER MILCHSTRASSE UND ANDROMEDA
Dieses Bild zeigt einen Moment im künftigen Zusammenstoß der Milchstraße mit der Andromeda-Galaxie, der in etwa 4 bis 5 Milliarden Jahren eine chaotische Supergalaxis hervorbringen wird.

Einleitung

* * *

BLICK IN DEN SOMMERHIMMEL

Als ich vierzehn Jahre alt war, wurde ich zu einer »Sternparty« im Städtchen Oxford in Ohio, wo ich aufgewachsen bin, eingeladen. Jemand besaß dort ein Fünfzehn-Zentimeter-Teleskop, und ich war sofort fasziniert von der Erkenntnis, dass ich in einen Garten gehen und tief ins Universum blicken konnte. Auf dieser ersten Sternparty erregte der Saturn meine Aufmerksamkeit, und schon bald stand ich Nacht für Nacht in einem großen Maisfeld auf meinem eigenen Grundstück und erforschte den Himmel mit einem einfachen 7x50-Fernglas.

Was für eine spektakuläre sommerliche Sternguckerei das war! Ich wusste fast nichts über den Himmel und hatte auch kein Teleskop. Jeder neue Blick enthüllte eine Entdeckung, einerlei, ob ich das Firmament entlang der funkelnden Kulisse der Milchstraße absuchte, einen Sternhaufen oder einen hellen, farbenprächtigen Stern erblickte. In jenem Sommer ging ich die ersten Schritte hin zu einem profunden Wissen vom Himmel. Heute, in der Ära der leicht verfügbaren computerisierten Teleskope, besitzen nur wenige Sterngucker dieses Wissen.

Bald führte ich das große Sehfeld meines Fernglases zum großen Quadrat des Pegasus und hinüber zum nahe gelegenen Sternbild Andromeda. Wie ich bald erfuhr, war der Glanz, den ich dort sah – wie ein heller, nebelhafter Stern, umringt von einem länglichen, ovalen Flaum –, ein ziemlich ungewöhnliches Himmelsobjekt.

Ich war bereits über die Andromeda-Galaxis gestolpert, und kaum lernte ich, was sie war, lernte ich auch, sie unter unserem dunklen Ohio-Himmel mit bloßen Augen zu sehen. Für die meisten Menschen ist sie das fernste Objekt, das sie ohne Hilfsmittel sehen können. Die Andromeda-Galaxie ist eine Galaxie wie unsere Milchstraße, rund 2,5 Millionen Lichtjahre oder 57 Millionen Billionen Kilometer entfernt – eine lange Wanderung. (Einige erfahrene Beobachter behaupten, sie könnten bei perfekten Bedingungen mit bloßen Augen weiter entfernte Galaxien sehen, zum Beispiel M33 und M81.)

Bis Anfang der 1920er-Jahre wusste niemand, was Galaxien sind. Damals galten »Spiralnebel« viele Jahrzehnte lang als seltsame Gaswolken innerhalb unserer Milchstraße. Anfang der 1920er-Jahre machte der amerikanische Astronom Edwin Hubble im Mount-Wilson-Observatorium dann aber eine bahnbrechende Entdeckung, die dazu führte, dass wir die wahre Natur der Galaxien verstehen lernten. Mithilfe der Erkenntnisse des Astronomen Vesto M. Slipher am Lowell-Observatorium entzifferten Hubbel und andere die kosmische Entfernungsskala zumindest annähernd. Ende des Jahrzehnts wussten die Astronomen und die gebildete Öffentlichkeit, dass wir in einem Universum leben, das mit Galaxien gefüllt ist, und dass die Milchstraße und die Andromeda-Galaxie nur zwei davon sind.

Um immer mehr über Galaxien zu lernen, las ich jedes Buch, das mir in die Hände fiel, und vertiefte mich sogleich in diese fernen Gebilde. Ein kleiner Astronomie-Club, die Astronomische Gesellschaft in Oxford, Ohio, hauptsächlich bestehend aus College-Studenten, suchte einen Kolumnisten, der über Galaxien und andere ferne Objekte am Himmel schrieb, also über die Gebilde jenseits unseres Sonnensystems, die kollektiv als Deep-Sky-Objekte bezeichnet werden. Ich begann, eine Kolumne über meine Beobachtungen zu schreiben, und das veranlasste mich, eine kleine Zeitschrift – es war eher ein Mitteilungsblatt – zu gründen, die ich anfangs mit einem Mimeographen im Studiensekretariat Chemie in der Universität, wo mein Vater arbeitete, druckte. *Deep Sky Monthly* berichtete über zahlreiche Galaxien und erreichte während seiner fünfjährigen Lebensspanne eine Auflage von 1.000 Stück.

Dieses wachsende Interesse an der Beobachtung von Galaxien fiel mit der »Dobson-Revolution« zusammen, die Amateurastronomen größere Teleskope verschaffte. John Dobson, ein Amateurastronom in der Region San Francisco, war der Pionier einer Technik, die das Herstellen großer Teleskope mit preiswerten Spiegeln ermöglichte. Man befestigte sie auf einfachen Montierungen, die sich auf und ab und seitwärts bewegten wie der Geschützturm eines Schlachtschiffes. Größere Teleskope in den Händen von Amateurastronomen führten dazu, dass immer mehr Menschen auch schwächer leuchtende Objekte selbst sehen konnten, darunter zahlreiche Galaxien.

Eines der Bücher, die ich schon früh entdeckte, war *Galaxies*, ein Bilderbuch mit einem gut geschriebenen wissenschaftlichen Text des großartigen Wissenschaftsautors Timothy Ferris. Das 1980 veröffentlichte Buch enthielt zahlreiche schöne Fotografien und schlaue Diagramme, die die Struktur unserer Milchstraße und des Universums der Galaxien um uns herum in einem Pseudo-3D-Stil zeigten. Ich liebte dieses Buch – es hatte großen Einfluss auf mich und mein frühes Interesse an der *Astronomie*.

Im Jahr 1982, kurz nach meinem Examen an der Miami University, wurde ich als stellvertretender Redakteur der Zeitschrift *Astronomy* eingestellt, der weltgrößten Publikation zu diesem Thema, und ging nach Milwaukee. Meine kleine Zeitschrift nahm ich mit. Unter dem neuen Titel *Deep Sky* erreichte das Blatt, das nunmehr vierteljährlich erschien, während seiner zehnjährigen Lebenszeit eine Auflage von bis zu 15.000 Stück. Es wurde von Menschen gelesen, die Galaxien, Sternhaufen und Nebel beobachteten. Im Jahr 1992 beschloss unsere Firma, dass ich nicht ein Viertel meiner Zeit für dieses kleine Magazin aufwenden sollte; stattdessen sollte ich meine ganze Begeisterung der *Astronomy* widmen. 2002 wurde ich der sechste Chefredakteur der Zeitschrift und habe seit nunmehr vierzig Jahren große Freude daran, in der einen oder anderen Form über Galaxien zu schreiben.

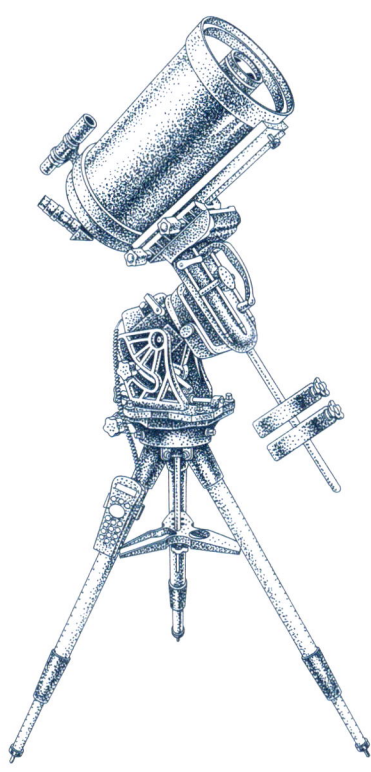

Ich schätze das Buch von Timothy Ferris immer noch als eines meiner frühen Lieblingswerke. Doch unser Wissen über Galaxien hat sich in den letzten vierzig Jahren geändert. Daher behielt ich die Idee einer Neuauflage dieses Buches für die nächste Generation stets im Hinterkopf. Es müsste unsere Michstraße als Balkenspiralgalaxis, unser viel solideres Wissen über die Galaxien in der Lokalen Gruppe, die riesigen Strukturen der Haufen und Superhaufen im Universum, die allgegenwärtigen schwarzen Löcher und viele anderen Themen behandeln, von denen wir vor vierzig Jahren allenfalls eine Ahnung hatten.

Das Ergebnis halten Sie in den Händen. Ich lade Sie ein, mich in unser imaginäres Raumschiff zu begleiten und weit hinaus in den Kosmos zu fliegen, um ein erstaunliches Universum zu erforschen, das wir heute viel besser kennen und das wir uns vor vierzig Jahren kaum hätten vorstellen können.

DAS GEISTERHAFTE GLÜHEN DER MILCHSTRASSE
Die Scheibe unserer Milchstraße erstreckt sich quer über den
Nachthimmel und ist in der richtigen Jahreszeit und in einer
günstigen Stunde an dunklen Orten sichtbar. Was wir hier
sehen, ist das nicht aufgelöste Licht von Milliarden Sternen,
die über die Scheibe verstreut sind, so wie man sie von
innen sieht. Wir wissen nicht genau, wie unsere Galaxis von
außen aussieht; wir können das nur anhand ihrer Struktur
abschätzen.

Kapitel 1

WAS SIND GALAXIEN?

Wellen krachten an den Strand von Santa
Monica, ausgedehnte Wälder sprenkelten die
Berge nördlich der Stadt, und ein faszinie-
rendes Straßennetz durchzog die Landschaft. Im Jahr 1923
lebten eine Million Menschen in Los Angeles – heute sind
es viermal so viel –, und die Stadt befand sich mitten in
einem explosiven Wachstum. Robert Millikan, ein Physiker
am California Institute of Technology, erhielt den Nobel-
preis für Physik für das Messen der Ladung eines einzel-
nen Elektrons oder Protons (der Elementarteilchen) und
für seine Arbeit zum fotoelektrischen Effekt, einschließlich
seiner Beobachtung, dass viele Metalle Elektronen emittieren, wenn Licht auf sie trifft. Amelia Earhart nahm immer
wieder Flugstunden in dieser Gegend. Die Hollywood Bowl

KURZINFO
Galaxien sind riesige
Ansammlungen von Sternen,
Gas und Staub, umringt von
Halos aus dunkler Materie. Sie
sind die fundamentalen großen
Bausteine des Kosmos. Es gibt
viele Arten von Galaxien im
Universum.

war kurz zuvor für Konzerte geöffnet worden, und ein junger Künstler namens Walt Disney kam mit 40 Dollar in der Tasche in die Stadt.

Trotz der vorausschauenden Investitionen der Stadt in Wissenschaft und Technik war es eine primitive Zeit – zumindest in Bezug auf die Astronomie. Niemand kannte die Größe

Tiefgründige Fragen schwebten dort draußen: Wie groß ist die Ewigkeit? Ist die Schöpfung grenzenlos?

und das Ausmaß des Universums. Menschen hatten die hellsten Galaxien am Himmel gesehen – die verschwommenen Flecken in der Andromeda und die Magellanschen Wolken in der südlichen Hemisphäre –, aber niemand verstand genau, was er da eigentlich sah. Tiefgründige Fragen schwebten dort draußen: Wie groß ist die Ewigkeit? Ist die Schöpfung grenzenlos? Schon bald würde Los Angeles eine entscheidende Rolle bei der Vermessung des Universums spielen.

DAS 100-ZOLL-TELESKOP

Am 4. Oktober 1923 verließ ein junger Astronom sein Haus in Pasadena und zog ins Mount-Wilson-Observatorium, nicht weit von Los Angeles, zum 100-Zoll-Teleskop, das damals das größte der Welt war. Edwin Powell Hubble stammte aus Missouri; er zog nach Illinois, legte an der University of Chicago sein Examen ab und erwarb dann als Rhodes-Stipendiat den Magistergrad an der Oxford University. Eine Laufbahn als Astronom strebte er erst an, als er im Alter von fünfundzwanzig Jahren an die Hochschule zurückkehrte, um zu promovieren. Hubble befand sich nun im vierten Jahr als angestellter Astronom im Mount Wilson. Er genoss es, das 100-Zoll-Hooker-Teleskop zu benutzen, um seine Lieblingsobjekte zu studieren: die verschwommenen Nebel – rätselhafte, glühende Gaswolken –, die über den Himmel verstreut sind.

Niemand wusste genau, was diese Nebel waren, aber man hielt sie für die Geburtsorte der Sterne. Der unternehmungslustige Amateurastronom William Parsons, der dritte Earl of Rosse, hatte als Erster diese Nebel mit Spiralstruktur gezeichnet, die aussehen wie schwach leuchtende Whirlpool-Muster. Dafür hatte er Mitte des 19. Jahrhunderts sein Riesenteleskop im ländlichen Irland verwendet. Ein knappes Jahrhundert später wusste man noch nicht viel mehr über sie. Hubble wollte das Geheimnis der Nebel ergründen, vor allem das der Spiralnebel. Auch in seiner Doktorarbeit ging es um dieses Thema. Die Spiralform dieser Nebel ließ darauf schließen, dass sie rotierten, doch ansonsten stellten sie Hubble und andere Astronomen vor ein Rätsel.

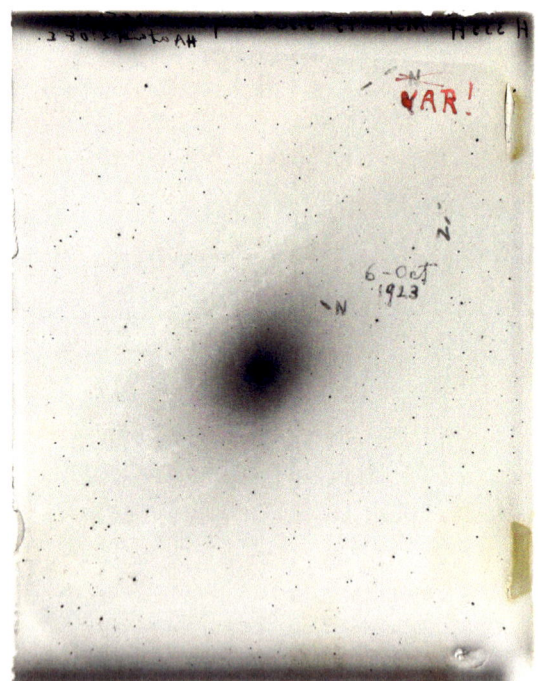

DIE FOTOPLATTE, DIE GALAXIEN DEFINIERTE

Am 5. Oktober 1923 machte der Astronom Edwin Hubble mit dem 100-Zoll-Hooker-Teleskop des Mount-Wilson-Observatoriums in der Nähe von Los Angeles eine Aufnahme des »Andromeda-Nebels«. Anfangs war er aufgeregt, weil er nach der Prüfung der Platte glaubte, eine Nova – einen explodierenden Stern – fotografiert zu haben. Er markierte den Stern mit einem »N« zwischen zwei Skalenstrichen, die er auf die Glasplatte gezeichnet hatte. Die berühmte Platte H335H trug dazu bei, eines der größten Geheimnisse des Universums aufzudecken. Kurze Zeit später erkannte Hubble, dass er keine Nova gesehen hatte, sondern einen veränderlichen Stern vom Cepheid-Typ mit wohlbekannten Eigenschaften. Da die Astronomen ihre absoluten Größen und Lichtkurven kannten, benutzten sie die Cepheiden, um Entfernungen zu messen. Der erstaunte Hubble stellte fest, dass der Andromeda-Nebel in Wirklichkeit eine Galaxie in großer Entfernung war, vielleicht sogar eine Million Lichtjahre entfernt, was viel mehr ist als der damals geschätzte Durchmesser des kompletten Universums. Mit dieser Platte fand Hubble außerdem heraus, was Galaxien sind. Später stellte man fest, dass die Andromeda-Galaxie sogar 2,5 Millionen Lichtjahre von uns entfernt ist. Diese Platte (links) und eine Vergrößerung (unten) zeigen die Kernregion der Andromeda-Galaxie, in der oberen rechten Ecke der berühmte Vermerk: Das »N« für »Nova« ist durchgestrichen, und Hubble schrieb mit toter Tinte »VAR!« darunter.

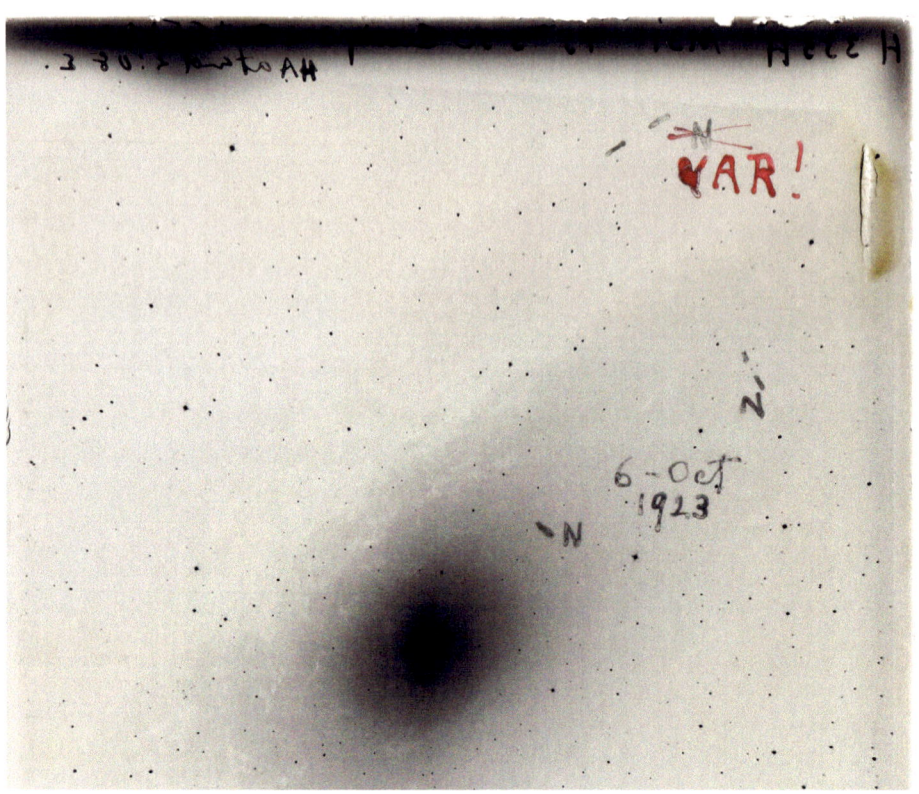

In der Nacht des 4. Oktober 1923 machte Hubble mit dem 100-Zoll-Hooker-Teleskop eine Auf-nahme eines seiner Lieblingsnebel, des Großen Nebels im Sternbild Andromeda. Die Aufnahme wurde fünfundvierzig Minuten lang belichtet. Diese spiralförmige Wolke war groß, hell und für das bloße Auge gerade noch als verschwommener Lichtfleck sichtbar, wenn man vom Licht der Groß-stadt weit entfernt war. Die Nacht hatte ein sehr schlechtes »Seeing«, als er die Aufnahme machte, weil die Erdatmosphäre ziemlich turbulent war; deshalb waren die Sterne keine vollkommenen Punkte. Trotzdem enthüllte die Platte, was Hubble vermutet hatte: eine Nova, einen explodieren-den Stern. Es war aufregend, ein so seltenes Ereignis im Inneren eines Spiralnebels festzuhalten.

In der folgenden Nacht fotografierte Hubble den Andromeda-Nebel erneut und hoffte auf ein besseres Bild der vermeintlichen Nova. Die Fotoplatte, die in der Nacht vom 5. auf den 6. Oktober belichtet und mit der Nummer H335H gekennzeichnet wurde, sollte eine der berühm-testen in der Geschichte der Wissenschaft werden, denn auf ihr dokumentierte Hubble die Nova noch einmal. Doch bevor er sie genauer untersuchen konnte, endete sein Beobachtungslauf am

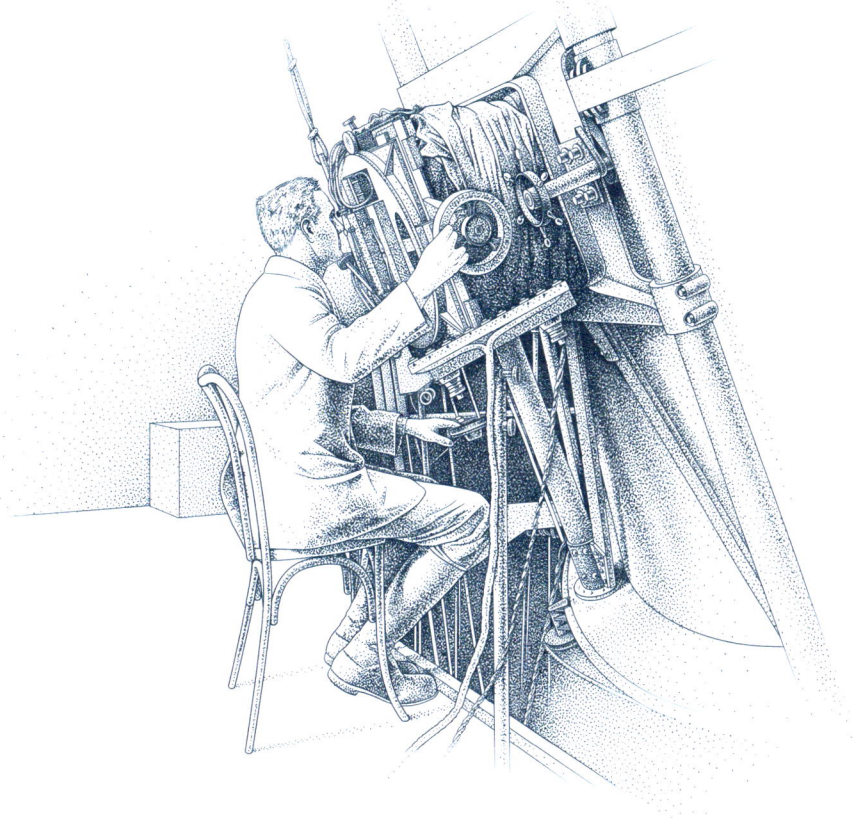

100-Zoll-Telekop, und er musste seinen Platz für andere Beobachter räumen. Am frühen Morgen verließ er den Berg und kehrte nach Pasadena zurück.

In seinem Büro, weit entfernt vom Observatorium auf dem Berg, studierte er frühere Bilder der Umgebung des Andromeda-Nebels. Ihm fiel etwas Ungewöhnliches auf. Eine Nova erstrahlt plötzlich und verblasst dann wieder. Doch der Stern, den er aufgenommen hatte, erschien auch auf älteren Platten und wurde innerhalb eines Zeitraums von 31 Tagen regelmäßig heller und dunkler. Dieser Stern war also keine Nova. Er musste eine andere Art Stern im Andromeda-Nebel sein.

HUBBLES DURCHBRUCH

Plötzlich stieß Hubble auf die Lösung. Er erkannte, dass er das Bild eines Sterntyps aufgenommen hatte, der einem wohlbekannten Stern in der Konstellation Kepheus ähnelte. Auf dieser Fotoplatte H335H strich er das »N« für »Nova« durch und schrieb »VAR!« darunter, was »veränderlicher Stern« bedeutete. Mehr noch, dieser Stern war ein besonderer Typ eines variablen Sterns, der streng periodisch heller und dunkler wurde. Astronomen hatten solche Sterne seit Langem studiert und nannten sie »Cepheiden« nach einem Stern im Sternbild Kepheus. Sie kannten seine absolute Helligkeit. Da Hubble wusste, wie hell der Stern tatsächlich war und wie hell er am Himmel erschien, konnte er den Stern als »Standardkerze« verwenden und seine Entfernung messen.

Mit seiner Fotoplatte hatte Edwin Hubble die Größe des Kosmos ganz allein neu bestimmt.

Das war eine denkwürdige Erkenntnis. Hubble berechnete, dass der blasse Stern eine Million Lichtjahre von der Erde entfernt sein musste – ebenso wie der Nebel, der ihn umgab. Das bedeutete, dass der Durchmesser des Universums mindestens dreimal größer sein musste, als die meisten Astronomen annahmen. Mit einer einzigen Fotoplatte hatte Edwin Hubble die Größe des Kosmos ganz allein neu bestimmt.

DAS 100-ZOLL-HOOKER-TELESKOP

WIE SIE STERNE IN IHREM GARTEN BEOBACHTEN

Bald nach Hubbles Entdeckung begannen Astronomen, fieberhaft Daten über viele hellere Himmelsobjekte zu sammeln die sie für ferne Galaxien hielten. Dazu gehörten zahlreiche helle Galaxien, die wir heute am Himmel sehen und auch mit kleinen Teleskopen beobachten können. Am besten gehen Sie dabei so vor:

✳ WARTEN SIE AUF EINE MONDLOSE NACHT. Sie brauchen maximale Dunkelheit an einem klaren Himmel und einen Beobachtungsort, der möglichst weit von Städten entfernt ist.

✳ VERWENDEN SIE EIN VIER- ODER SECHS-ZOLL-TELESKOP. Das ist die Mindestgröße; ein Acht- oder Zehn-Zoll-Teleskop ist noch besser, weil Sie damit die maximale Menge schwachen Lichts einfangen können.

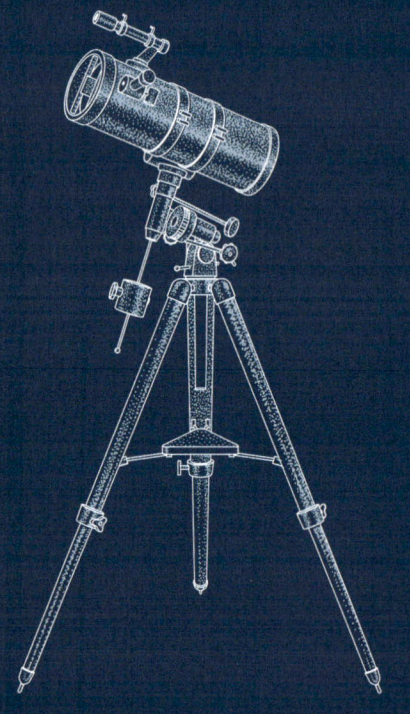

✳ WÄHLEN SIE EINE GÜNSTIGE ZEIT. Die Milchstraße ist an Sommer- und Winterabenden am auffälligsten; deshalb überstrahlt sie im Frühling und Herbst andere Galaxien nicht, sodass man diese mit einem Teleskop vom Garten aus sehen kann. Dazu gehören die schöne Spiralgalaxie M81 und ihre Nachbarin M82 im Großen Bären, die Whirlpool-Galaxie (M51) in den Jagdhunden, M101 im Großen Bären, die Blackeye-Galaxie (M64) im Haar der Berenike, die Sombrero-Galaxie (M104) in der Jungfrau und die südliche Feuerradgalaxie (M83) in der Wasserschlange.

DIE ENTDECKUNG DER GALAXIEN

Hubbles Entdeckung löste bei Astronomen, die andere Spiralnebel erforschten, eine fieberhafte Aktivität aus. Zahllose Beobachtungen folgten, und manche Anschlussstudien dauerten viele Monate, weil Gezänk und Gewissensprüfungen die Welt der Berufsastronomen erschütterten. Eine Debatte, die 1920, also ein paar Jahre zuvor, zwischen zwei prominenten Astronomen, Harlow Shapley von der Princeton University und Heber Curtis vom Allegheny-Observatorium, begonnen hatte, goss nun Öl ins Feuer. Shapley glaubte, die Milchstraße umfasse das gesamte Universum, während Curtis behauptete, Spiralnebel seien separate Galaxien, im Wesentlichen »Inseluniversen«. Hubbles Entdeckung schien Curtis Standpunkt zu bestätigen.

Hubble indes fuhr damit fort, Cepheiden in anderen Spiralnebeln zu fotografieren, zum Beispiel M33 im Dreieck, und wies nach, dass sie wie Andromeda so weit entfernt sind, dass sie ferne Galaxien sein müssen. Diese Beobachtungen ließen darauf schließen, dass Galaxien die Grundeinheiten aus Sternen, Gas und Staub im Universum sind und dass ihre Größe jede Vorstellungskraft sprengt. Viele zweifelten an diesen Erkenntnissen, vor allem Shapley; doch Hubble arbeitete unbeirrt weiter. Im November 1924 veröffentlichte die *New York Times* seine Forschungsergebnisse auf der Titelseite. Von Anhängern gedrängt, schickte er der American Astronomical Society, der Berufsorganisation der Astronomen, einen Artikel, der die Ergebnisse zusammenfasste. Nachdem der angesehene Professor Henry Norris Russell von der Princeton University den Beitrag auf der Wintertagung der Gesellschaft verlesen hatte, waren Galaxien auf dem besten Weg, wissenschaftlich anerkannt zu werden.

Hubbles Beobachtungen ließen darauf schließen, dass Galaxien die Grundeinheiten aus Sternen, Gas und Staub im Universum sind und dass ihre Größe jede Vorstellungskraft sprengt.

EIN DURCHBRUCH DANK
DER FARBEN DER GALAXIEN

Mehrere Jahre später gab es einen weiteren enormen Fortschritt. Das Spektrum einer Galaxie ist ein Bild des gesammelten Lichts aller ihrer Sterne und Gase. Im Jahr 1929 zeichneten Hubble und andere Astronomen viele Spektren von Galaxien auf und bemerkten, dass die Spektrallinien zum roten Ende des Spektrums hin verschoben waren, das heißt, die Wellenlänge des Lichts nahm zu, und die Frequenz nahm ab. Diesen Effekt hatte Vesto M. Slipher, ein Astronom am Lowell-Observatorium in Arizona, im Jahr 1912 als Erster entdeckt.

Diese Doppler-Verschiebung fällt uns jedes Mal auf, wenn ein Krankenwagen mit laufender Sirene vorbeifährt. Wenn er sich nähert, klingt der Ton der Sirene höher, weil er eine kurze Wellenlänge und eine hohe Frequenz hat. Wenn das Auto sich entfernt, wird der Ton der Sirene

GALAXIEN, DIE DER MILCHSTRASSE ÄHNELN
Hubble-Weltraumteleskop – SDSS

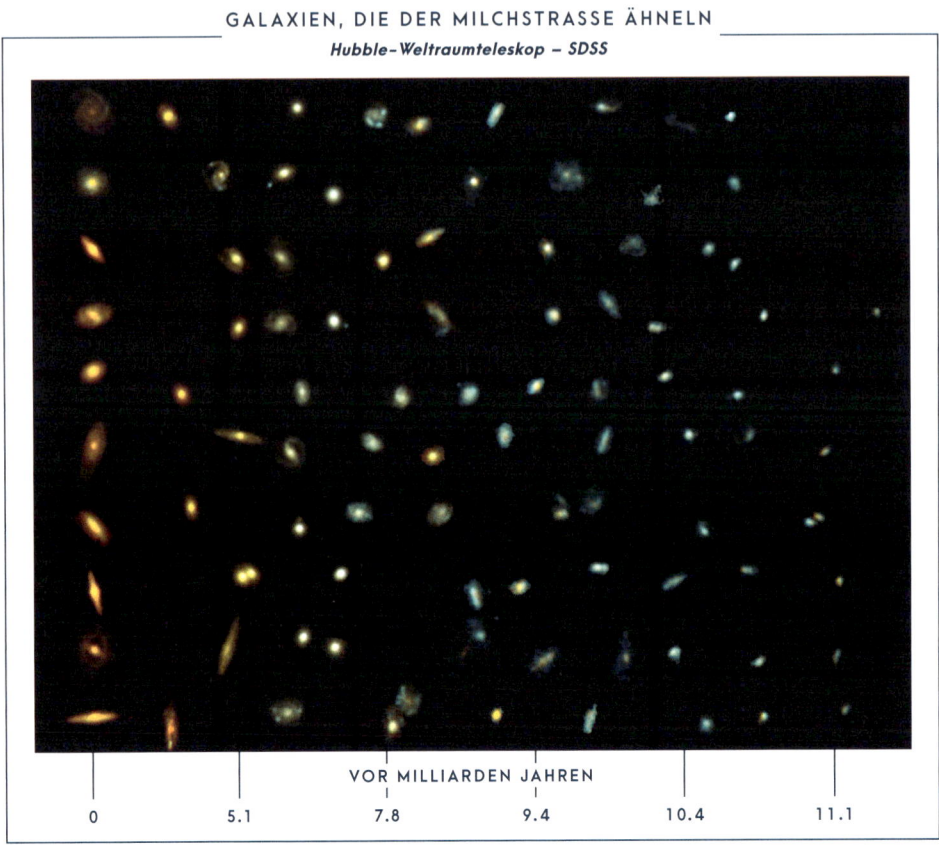

VOR MILLIARDEN JAHREN

| 0 | 5.1 | 7.8 | 9.4 | 10.4 | 11.1 |

tiefer, weil die Wellenlänge zu- und die Frequenz abnimmt. Das Gleiche gilt für das Licht. Wenn Objekte sich auf uns zu bewegen, verschiebt sich die Frequenz ihres Lichts nach oben, zum blauen Ende des Spektrums hin. Wenn sie sich von uns entfernen, verschiebt sich die Frequenz nach unten, zum roten Ende des Spektrums hin. Diese »Rotverschiebung« der Spektren weit entfernter Galaxien lässt also darauf schließen, dass die Galaxien sich von uns weg bewegen. Das bedeutet, dass das ganze Universum nicht nur viel größer ist als früher angenommen, sondern auch, dass es expandiert und mit der Zeit immer größer wird.

HIER KOMMT DER GROSSE KNALL

Hubbles Arbeiten, die auf den früheren Studien Sliphers und des Astronomen Milton Humason aufbauten, wiesen nach, dass fast alle Galaxien sich voneinander entfernen. Hubble entdeckte zudem, dass wir anhand der Rotverschiebung die Entfernungen von Galaxien errechnen können.

Diese Forschungen führten zu einer denkwürdigen Erkenntnis. Im Jahr 1929 erklärte Hubble, unterstützt von dem belgischen Astronomen Georges Lemaître, die von ihm gesammelten neuen Daten über Galaxien stützen die Theorie, dass die Bahnen aller Galaxien, wenn man sie zurückverfolge, zu einem kleinen, dichten Punkt führen, an dem das ganze Universum begonnen habe – mit einem Big Bang (Urknall, wörtlich: »Großer Knall«) vor Milliarden von Jahren. Dieser Urknall setzte die Expansion in Gang, die dazu führte, dass alle Galaxien sich immer schneller voneinander entfernen. Das ganze Universum scheint auseinanderzufliegen.

Hubble studierte sechsundvierzig Galaxien und bestimmte die Expansionsgeschwindigkeit des Universums, die später Hubble-Konstante genannt wurde. Er legte diese Zahl auf 500 Kilometer je Sekunde je Megaparsec fest. Heute wissen wir, dass dieser Wert zu hoch angesetzt war.

Gegenüber EIN BILD AUS DEM FAMILIENURLAUB: DIE FRÜHEN JAHRE UNSERER GALAXIS
Mit dem majestätischen Hubble-Weltraumteleskop haben Astronomen 400 Galaxien studiert, die der Milchstraße ähneln, deshalb können sie heute bildlich darstellen, wie unsere Galaxis sich im Laufe der Zeit entwickelt hat. Sie glauben, dass die Galaxis als massearme bläuliche Ansammlung von Gas begann, die auch alte Sterne enthielt. Daraus entwickelte sich eine flache Scheibe mit einem dichten Zentralbereich (Bulge) und später die Balkenspiralgalaxie, die wir heute kennen.

HUBBLE UND DAS EXPANDIERENDE UNIVERSUM

Hubbles Glaubwürdigkeit nahm durch den Nachweis eines expandierenden Universums enorm zu. Er hatte eine Menge Beweise für die Theorie des großen Physikers Albert Einstein gesammelt, der eine Generation zuvor vermutet hatte, dass Zeit und Raum expandieren und dass der Kosmos schier unvorstellbar groß ist.

Ende der 1930er-Jahre, nach Hubbles großen Entdeckungen, wurde klar, wie wichtig Galaxien in der Geschichte des Kosmos sind. Astronomen wussten, dass der größte Teil des schier unermesslich großen Universums mit Dunkelheit gefüllt ist. Außerhalb der Inselgalaxien gibt es nur wenig Materie. Die Galaxien enthalten alles, was hell ist: die normale Materie – Sterne, Gas, Staub und Planeten. Das Universum gleicht einem nahezu grenzenlosen Ozean mit einigen wenigen darauf treibenden Schiffen (Galaxien), und dazwischen ist nichts als völlige Dunkelheit und unheilverkündende Leere.

DIE KLASSIFIKATION DER GALAXIEN

Mittlerweile kannte Hubble die verschiedenen Galaxiearten und ordnete sie in ein Stimmgabel-Diagramm ein. Es gibt »Spiralgalaxien« wie Andromeda und »Balkengalaxien«, die den Spiralgalaxien ähneln, aber einen rechteckigen »Balken« aus Materie enthalten, der ihr Zentrum durchquert.

Es gibt elliptische und kugelförmige Galaxien, und es gibt linsenförmige und irreguläre, ziemlich formlose Materiewolken. Ende der 1930er-Jahre entdeckten Astronomen Beispiele für eine neue Klasse, die spheroidalen Zwerggalaxien, und noch später fanden sie ungewöhnliche Galaxien, die stark verzerrt aussehen. Ende der 1950er-Jahre hatten sie eine bessere Klassifikation entwickelt, die auf den Forschungen des französischen Astronomen Gérard de Vaucouleurs von der University of Texas basierte.

Beispiele für all diese Galaxientypen können Sie an einem dunklen Himmel mit einem Teleskop beobachten:

KURZINFO
Manche Galaxien werden anhand ihrer Charakteristika oder Verhaltensweisen klassifiziert. Wechselwirkende oder verschmelzende Galaxien sind beispielsweise Galaxienpaare oder -gruppen, die miteinander einen kosmischen Tanz aufführen.

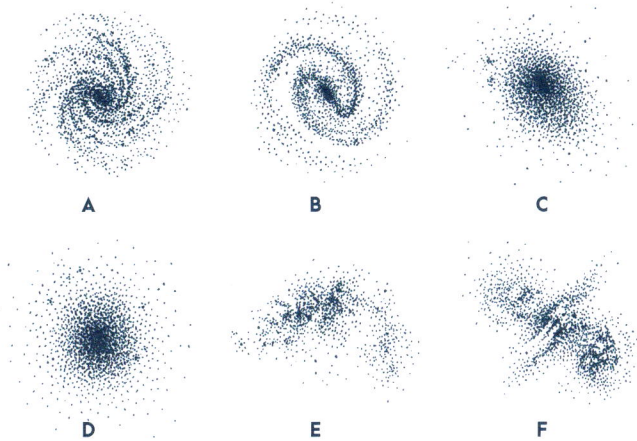

A B C

D E F

✳ **Spiralgalaxien (A):** die Sonnenblumen-Galaxie (M63), IC 342 und NGC 1232

✳ **Balkenspiralgalaxien (B):** NGC 1300, NGC 1512, NGC 1530, NGC 4921 und NGC 5701

✳ **Elliptische Galaxien (C):** M49, M87 und NGC 1052

✳ **Linsenförmige Galaxien (D):** M 84, NGC 2787 und NGC 4111

✳ **Unregelmäßige Galaxien (E):** NGC 1569, NGC 3239 und NGC 4214

✳ **Ungewöhnliche Galaxien (F):** Arp 81, Arp 220, Centaurus A, Fornax A, M82 und Perseus A

De Vaucouleurs Klassifikationsschema war allerdings komplexer. Es bildete eine dreidimensionale »kosmische Zitrone«, die mehr Merkmale enthielt. Bei den Spiralgalaxien unterschied es weitere Details der Balken; es prüft, ob eine Galaxie Ringe aufweist und wie eng oder weit die Arme einer Spiralgalaxie sind. Außerdem verzeichnete de Vaucouleurs Details über unregelmäßige Galaxien und beschrieb solche, die ein »kosmisches Zugunglück« erlebt haben: Interaktionen mit nahen Galaxien, die ihre Form verzerrten.

GALAXIEN KLASSIFIZIEREN

Astronomen bemühen sich seit den 1920er-Jahren, Galaxien zu klassifizieren. Hubble sortierte die meisten Galaxien in wenige Grundtypen ein – elliptisch, normal spiralförmig und spiralförmig mit Balken – und ordnete sie in Form einer Stimmgabel an.

Galaxien gibt es in etlichen Größen und Massen, von nahe gelegenen Zwergen, die weniger Sterne enthalten als ein Kugelhaufen, bis zu Giganten wie M87. Außerdem haben Galaxien besondere Merkmale, zum Beispiel eine zentrale Ausbuchtung (Bulge), Scheiben, Ringe oder Spiralarme.

Elliptische Galaxien

Normale Spiralgalaxien

Balkenspiralgalaxien

Die subtileren Details der Galaxien erfordern ein Schema, das nuancenreicher ist als das von Hubble. Ende der 1950er-Jahre entwarf Gérard de Vaucouleurs eine dreidimensionale Version der Stimmgabel – siehe gegenüber –, die sich auf Beobachtungen einiger hundert Galaxien am Südhimmel stützte.

Ferne Galaxien, die entstanden, als das Universum jünger, kleiner und dichter war, passen nicht in dieses Schema. Mehr noch, neuere Durchmusterungen von Zehntausenden von Galaxien deuten darauf hin, dass sie zwei unterschiedliche Zonen besetzen, wenn man sie nach Farbe und Helligkeit gruppiert. Noch weiß niemand, wie man diese Beobachtungen mit den sanften Übergängen in Einklang bringen kann, die Astronomen bei verschiedenen Typen von Galaxien sehen.

Studieren Sie das Diagramm unten sorgfältig. Wenn Sie Hubbles Stimmgabel halb drehen, erhalten Sie das zitronenförmige Klassifikationsschema, das Gérard de Vaucouleurs entwickelte. Normale Galaxien besetzen die obere Hälfte, Balkengalaxien die untere. Die unterschiedlichen Galaxientypen sind von links nach rechts angeordnet. Ein Code beschreibt jede Galaxie nach ihrer Position innerhalb des Schemas. Die Höhe der »Zitrone« spiegelt die relative Zahl jedes Galaxientyps wider.

KURZINFO

Elliptische Galaxien sehen wir nur von unserem Standpunkt aus als Ellipsen an. Tatsächlich sind sie oft kugelförmige große Wolken von Sternen und Gas. Häufig befinden sie sich in der Mitte eines Galaxienhaufens und sind von einem massereichen Halo aus dunkler Materie umgeben.

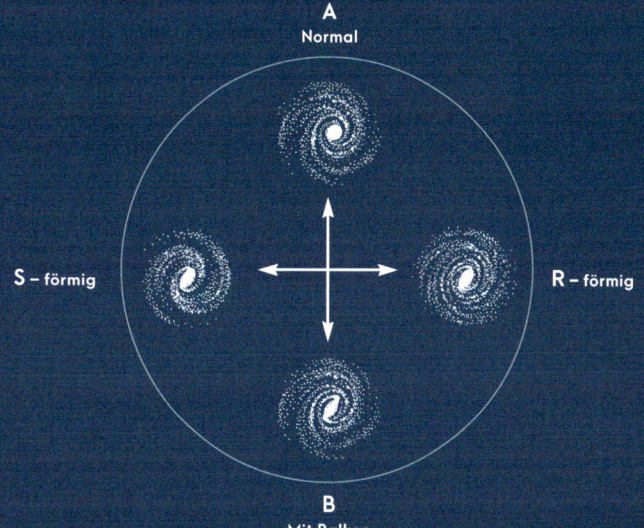

A
Normal

S – förmig

R – förmig

B
Mit Balken

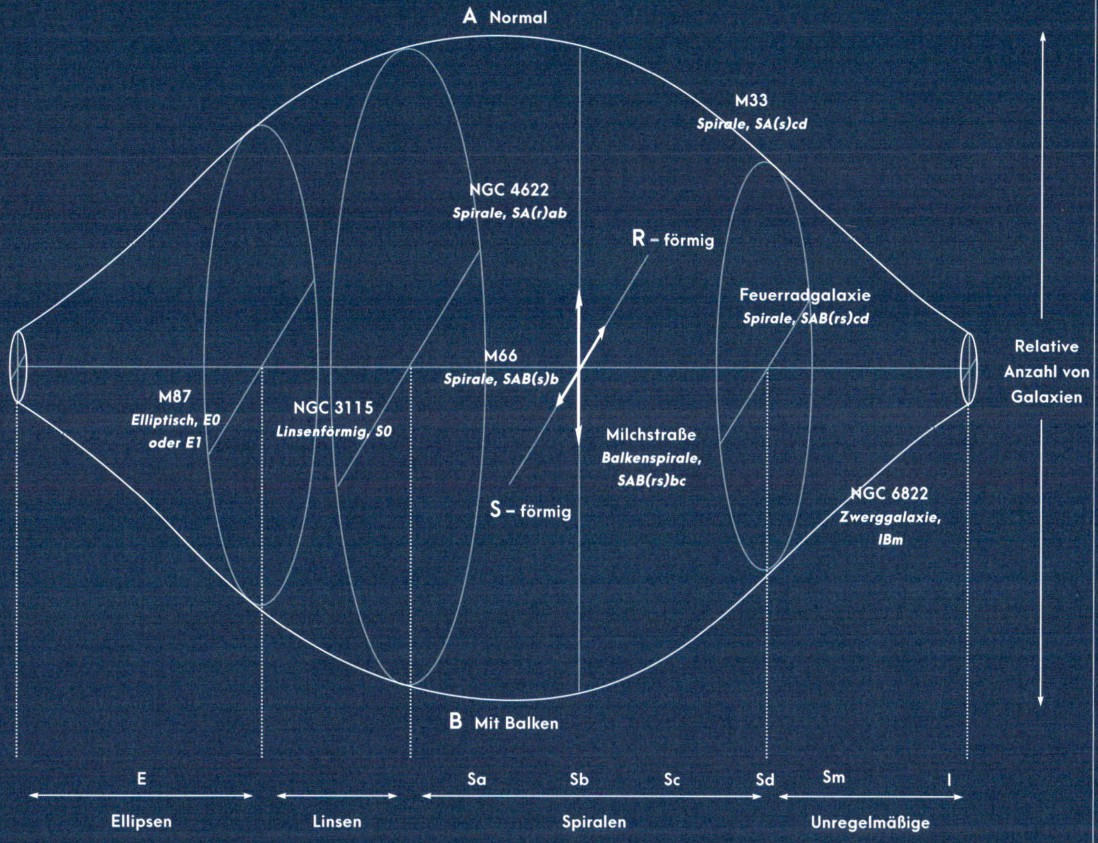

A Normal

M33
Spirale, SA(s)cd

NGC 4622
Spirale, SA(r)ab

R – förmig

Feuerradgalaxie
Spirale, SAB(rs)cd

M66
Spirale, SAB(s)b

Relative Anzahl von Galaxien

M87
Elliptisch, E0 oder E1

NGC 3115
Linsenförmig, S0

Milchstraße,
Balkenspirale, SAB(rs)bc

NGC 6822
Zwerggalaxie, IBm

S – förmig

B Mit Balken

E		Sa	Sb	Sc	Sd	Sm	I
Ellipsen	Linsen		Spiralen			Unregelmäßige	

DIE UNGLAUBLICHE WEITE DES KOSMOS

Jahrelang zitierten Astronomen die Ergebnisse tiefer Galaxiendurchmusterungen, die darauf hindeuteten, dass es im Universum etwa 100 Milliarden Galaxien gibt. Eine Studie aus dem Jahr 2016 lässt jedoch darauf schließen, dass die Zahl der Galaxien bei 2 Billionen liegen könnte. Diese Studie blickte allerdings ins frühe Universum zurück, seither sind viele Galaxien miteinander verschmolzen, sodass die heutige Zahl tatsächlich bei 100 Milliarden liegt. In einer von ihnen leben wir: in der Milchstraße. Diese Grundstrukturen des Kosmos, die wie Schiffe in einem unermesslichen Ozean aus Dunkelheit treiben, ermöglichen uns einen Blick über unsere Welt hinaus und zeigen uns, warum wir hier sind.

Als die Astronomen seit den 1920er-Jahren immer mehr Galaxien entdeckten, sammelten sie auch fundamentales Wissen. Das Universum ist wirklich groß! Angenommen, Sie könnten in einem Raumschiff durchs Universum reisen und dabei immer fernere Objekte erkunden. Nehmen wir weiter an, das Raumschiff bewege sich mit Lichtgeschwindigkeit, der höchsten Geschwindigkeit, die wir kennen: 299.792.458 Meter pro Sekunde. Das ist auch die Geschwindigkeit, mit der Photonen (Lichtteilchen) auf Ihre Augen treffen, sodass Sie dieses Buch lesen können. (Photonen sind so schnell, weil sie keine Masse haben. Raumschiffe haben eine Masse und können daher nicht so schnell sein. Damit wir die Größe des Universums verstehen, tun wir aber so, als wäre unser Schiff dazu imstande.)

KURZINFO

Der bekannteste Galaxientyp, die Spiralgalaxie, hat Spiralarme, die sich um das Zentrum einer leuchtenden Scheibe winden. Die Spiralarme werden von Dichtewellen erzeugt, von Graten, die dichter sind als ihre Umgebung. Sie enthalten eine Scheibe aus Sternen und Gas, einen großen Halo aus Kugelsternhaufen und einen äußeren Halo aus dunkler Materie.

Galaxien, die Grundstrukturen des Kosmos, treiben wie Schiffe auf einem unermesslichen Ozean aus Dunkelheit.

EINE REISE ZU DEN GALAXIEN

Wir brechen mit unserem Raumschiff zu Hause, in unserer Milchstraße, auf. Die nächste Galaxie, der wir begegnen, ist die spheroidale Sagittarius-Zwerggalaxie, eine winzige Galaxie, die unsere umkreist. Wenn wir mit Lichtgeschwindigkeit reisen, brauchen wir 70.000 Jahre, um sie zu erreichen. Um zu verstehen, wie enorm diese Entfernungen sind, können wir auch ausrechnen, wie lange das Licht anderer Galaxien unterwegs ist, bis es zu uns gelangt. Das Licht der Sagittarius-Galaxie ist unterwegs, seit Menschen in den Höhlen Südafrikas ihre ersten Kunstwerke schufen. Wenn wir in unserem Raumschiff ganze 163.000 Jahre reisen, erreichen wir die Große Magellansche Wolke, den größten Satelliten unserer Galaxis. In 200.000 Jahren sind wir in der Kleinen Magellanschen Wolke, die ebenfalls unsere Milchstraße umkreist. Das Licht, das Sie heute Nacht von dieser Galaxie sehen, ist unterwegs, seit unsere frühsten, mit uns eng verwandten menschlichen Vorfahren durch die afrikanischen Ebenen streiften.

Aber das sind Zwerggalaxien, die uns sehr nahe sind. Die größte nah gelegene Galaxie ist die Andromeda-Galaxie, die wir mit unserem Raumschiff in 2,5 Millionen Jahren erreichen

KURZINFO

Galaxienhaufen (englisch clusters) sind Ansammlungen von Galaxien, die durch ihre gemeinsame Gravitation zusammengehalten werden. Sie enthalten ein Dutzend oder mehr große spiralige oder elliptische Galaxien und bisweilen Hunderte von kleineren. Galaxienhaufen haben eine Ausdehnung von meist mehreren Dutzend Millionen Lichtjahren.

Für uns sind die Entfernungen innerhalb unseres Sonnensystems gewaltig; doch sie verblassen angesichts einer Reise zu anderen Galaxien.

würden. Das Licht, das Sie heute Abend von dieser Galaxie sehen, ist unterwegs, seit einige unserer frühesten menschlichen Vorfahren auf der Erde weilten.

Wenn Sie weiterreisen, stoßen Sie auf zahllose seltsame und schöne Galaxien in unterschiedlichsten Entfernungen. Dazu gehören schöne Spiralgalaxien wie IC 239, M100, M106, NGC 210, NGC 2683, NGC 2841, NGC 3310, NGC 3338, NGC 4565 und NGC 6946. Sie begegnen Galaxiengruppen wie jenen im Leo-Triplett (M65, M66 und NGC 3628), M81 und M82 oder der Galaxiengruppe Hickson 31. Manche Galaxien, die scheinbar zusammengehören, weichen auseinander, sobald Sie sich ihnen nähern. Sie würden auch auf zahlreiche sonderbar verzerrte Galaxien treffen, das Ergebnis von Interaktionen oder Verformungen durch schwarze Löcher, zum Beispiel Arp 188, ESO 243–249, NGC 474, NGC 660, NGC 2685, NGC 4622, NGC 5291, NGC 7714 und UGC 697.

Wenn Sie in unserem Raumschiff 50 Millionen Jahre unterwegs sind, gelangen Sie zum Virgo-Galaxienhaufen, aber es geht noch weiter: Einige Galaxien sind Hunderte von Millionen oder gar Milliarden Lichtjahre entfernt. Um die fernsten Galaxien zu erreichen, die wir sehen können, bräuchten wir mehr als 13 Milliarden Lichtjahre. Wir vergessen leicht, wie unglaublich gewaltig das Universum ist. Doch wenn wir immer weiter ins Universum vorstoßen, um Galaxien zu erforschen, verstehen wir, wie das Universum entstanden ist und wohin es geht.

KURZINFO
Noch größer als Galaxienhaufen sind die Superhaufen. Diese riesigen Ansammlungen können 100 Galaxiengruppen enthalten und sich über eine halbe Milliarde Lichtjahre erstrecken.

Gegenüber NGC 7424: EINE PRACHTVOLLE BALKENSPIRALGALAXIE, VON VORNE GESEHEN
Wenn wir die Milchstraße aus großer Entfernung sehen könnten, sähe sie ähnlich aus wie diese Galaxie NGC 7424. Sie befindet sich im südlichen Sternbild Kranich. NGC 7424 ist 40 Millionen Lichtjahre entfernt und hat wie die Scheibe der Milchstraße einen Durchmesser von 100.000 Lichtjahren. Zahlreiche Haufen aus massereichen Sternen und rosafarbene H-II-Gebiete, wo neue Sterne entstehen, liegen auf ihren Armen verstreut.

Vorherige Seite DIE ANDROMEDA-GALAXIE IN ULTRAVIOLETTEM LICHT

Mit hochenergetischem UV-Licht aufge-nommen, scheint die Andromeda-Galaxie Spiralarme zu haben, die wie Ringe aussehen. Das liegt an dem sehr energiereichen Licht der jungen Sterne, die eine große Masse haben und über die Arme verstreut sind. Die intensive Sternbildung ist eines der Indizien für ein Zusammentreffen mit der Satellitengalaxie M32, die als verschwommener Knoten knapp oberhalb des Spiralarms zu sehen ist, links über dem Kern von M31.

Oben EIN ZENTRALER TEIL DER ANDROMEDA-GALAXIE

Auf diesem prachtvollen Mosaik der Andromeda-Galaxie, aufgenommen mit dem Hubble-Weltraumteleskop, sind ein-zelne Sterne zu sehen, obwohl sie 2,5 Millionen Lichtjahre entfernt sind. Der Mittelpunkt der Galaxie ist links erkennbar, ein Teil des Spiralarms rechts. In Regionen mit jungen blauen Sternen entstehen neue Sterne.

Umseitig DIE ANDROMEDA-GALAXIE IN SCHWARZ-WEISS

Ein einfarbiges Bild der Andromeda-Galaxie, unserer berühmten galaktischen Nachbarin, enthüllt die Details ihrer Spiralarme, Regionen mit wirbelnden Gaswolken in der Nähe des Zentrums und zwei Satellitengalaxien, M32 (oben links vom Zentrum der Andromeda) und NGC 205 (unter dem Zentrum).

NGC 266: EINE BALKENSPIRALGALAXIE MIT EINEM
ENERGIEREICHEN KERN

Die ungewöhnliche Balkengalaxie NGC 266 liegt
im Sternbild Fische und ist rund 215 Millionen
Lichtjahre entfernt. Sie ist eine Galaxie vom LINER–
Typ. Das bedeutet, sie hat einen hellen, aktiven
Kern, der Energie aus einem zentralen schwarzen
Loch ausstößt.

Oben **NGC 6744:** EINE GALAXIE, DIE WIE DIE MILCHSTRASSE
AUSSIEHT

Die helle Galaxie NGC 6744 am Südhimmel im Sternbild
des Pfaus ist eine größere Version der Milchstraße. Diese
Balkenspiralgalaxie überspannt 175.000 Lichtjahre und
ist damit rund 75 Prozent größer als unsere Galaxis.
Ihre Struktur ist jedoch ähnlich: Sie hat einen Kern,
einen starken Balken durchs Zentrum und strahlende
Spiralarme, gefüllt mit glühenden Sternen und Gas.

Umseitig DIE KANTE DER PRACHTVOLLEN SOMBRERO-GALAXIE

Die Sombrero-Galaxie (M104) im Sternbild Jungfrau, deren
Kantenansicht wir sehen, ist eine der großartigsten Galaxien am
Himmel. Die meisten Menschen behaupten, sie sehe aus wie eine
fliegende Untertasse. Diese Galaxie besteht aus einer großen
rotierenden Scheibe mit einem auffallenden Saum aus Staub. Sie
ist umgeben von einem Strahlenkranz aus Gas und Sternen. M104
ist 29 Millionen Lichtjahre entfernt und mit 49.000 Lichtjahren
Durchmesser etwa halb so groß wie die Milchstraße.

Gegenüber **NGC 1569:** EINE NAHE
GELEGENE STARBURST-GALAXIE
Die irreguläre Zwerggalaxie NGC
1569 liegt im Sternbild Giraffe in einer
Entfernung von 11 Millionen Lichtjahren.
In dieser kleinen Galaxie entstehen
viele neue Sterne. Während der letzten
100 Millionen Jahre haben sich in ihr
100-mal mehr Sterne gebildet als in
der Milchstraße. Zahlreiche leuchtend
blaue Sternhaufen in dieser Galaxie
sind jung und heiß, und viele Supernovae
sind in ihr aufgeflammt und haben
charakteristische Gasblasen erzeugt.

Oben **NGC 2787:** GROSSAUFNAHME EINER
LINSENFÖRMIGEN GALAXIE
NGC 2787 im Großen Bären ist eines der
bekannteren Beispiele für linsenförmige
Galaxien. Sie ist 24 Millionen Lichtjahre
entfernt, besitzt einen sehr hellen Kern
und ist von Sternen und Gas umgeben,
die ihrerseits mit eng gewundenen
Staubbändern gesäumt sind. Diese
Galaxie hat ein zentrales schwarzes
Loch mit etwa der gleichen Masse wie
das in der Milchstraße.

Umseitig NGC 1300: EINE EINDRUCKSVOLLE
BALKENSPIRALGALAXIE, VON VORNE
GESEHEN
Die Balkenspiralgalaxie NGC 1300 im
Sternbild Eridanus ist eine »Grand-
Design«-Galaxie mit deutlich aus-
geprägten Armen und einem markanten
bauchigen Balken. Sie hat etwa die
gleiche Größe wie die Milchstraße und
ist rund 60 Millionen Lichtjahre ent-
fernt. Das supermassereiche schwarze
Loch im Zentrum hat mit 7,3 Millionen
Sonnenmassen fast die doppelte
Masse wie das schwarze Loch in der
Milchstraße.

NGC 1530: EINE BALKENSPIRALGALAXIE MIT EINER »MINISPIRALE«
ALS KERN
Die Balkenspiralgalaxie NGC 1530 im Sternbild Giraffe,
die wir hier fast von vorne sehen, ist etwa 80 Millionen
Lichtjahre entfernt. Ihr sehr auffälliger Balken ist mit großen,
gut ausgeprägten Spiralarmen verbunden. Das Zentrum der
Galaxie besitzt ein Wirbelmuster, das an die Spiralform einer
Galaxie erinnert.

NGC 3239: EINE VERZERRTE, UNREGELMÄSSIGE GALAXIE MIT EINER SUPERNOVA
Das seltsame Objekt NGC 3239 im Löwen ist eine irreguläre Galaxie mit
zwei bizarren, verdrehten Erweiterungen, die Armen ähneln. Das lässt auf ein
intensives Zusammentreffen mit einer anderen Galaxie in der Vergangenheit
schließen. Diese Galaxie ist 25 Millionen Lichtjahre entfernt und hat einen
Durchmesser von 40.000 Lichtjahren. Der helle Stern knapp über ihrem
Zentrum ist ein Vordergrundstern, rechts darunter befindet sich die Supernova
2012A, die kurze Zeit blinkte, als der alte Stern starb.

Gegenüber DIE BIZARRE BALKENSPIRALGALAXIE NGC 4921

Die Balkenspiralgalaxie NGC 4921 im Haar der Berenike ist 320 Millionen Lichtjahre entfernt. Dieses ferne Himmelsobjekt ist eine »anämische Galaxie«. Diese Bezeichnung prägte der kanadische Astronom Sidney van den Bergh, weil in der Galaxie nur sehr wenige Sterne entstehen. Ihr hübsches Spiralmuster rund um den kleinen zentralen Balken verleiht ihr ein Aussehen wie ein kunstvolles Gemälde.

Oben DIE ELEGANTE BALKENSPIRALGALAXIE NGC 5701, VON VORNE GESEHEN

Die Balkenspiralgalaxie NGC 5701 ist der Milchstraße ziemlich ähnlich. Sie liegt 77 Millionen Lichtjahre entfernt im Sternbild Jungfrau.

Unten HAUFEN AUS JUNGEN STERNEN UMRINGEN DIE GALAXIE NGC 1512

Die Balkenspiralgalaxie NGC 1512 befindet sich rund 38 Millionen Lichtjahre entfernt im Sternbild Pendeluhr. Die intensiv gelb gefärbte Scheibe wird von bläulichen Haufen aus jungen Sternen umringt und enthält einen Balken, der zu blass ist, um sichtbar zu sein. Astronomen glauben, dass der Balken Gas in den äußeren Ring leitet, was zur Bildung zahlreicher neuer Sterne führt.

**DIE ENG GEWUNDENEN SPIRALARME DER
SONNENBLUMEN-GALAXIE**
Die Sonnenblumen-Galaxie M63 im Sternbild
Jagdhunde ist 27 Millionen Lichtjahre entfernt. Sie
ist hell und gehört zu den Lieblingsobjekten der
Hobbysterngucker. M63 ist eine flockige Galaxie
mit fleckigen, undeutlichen Armen. Auch sie ist
eine LINER-Galaxie mit einem aktiven Kern in
Form eines supermassereichen schwarzen Lochs.

Diese hübsche Balkenspiralgalaxie schwebt
55 Millionen Lichtjahre entfernt im Sternbild
Walfisch. Sie besitzt einen großen zentralen
Balken und hat im Gegensatz zur Milchstraße
ziemlich unsymmetrische Spiralarme.

Oben ARP 81: WELTEN IN EINEM GALAKTISCHEN
FRONTALZUSAMMENSTOSS
Zwei verzerrte Galaxien im Sternbild Drachen
halten sich umklammert: NGC 6622 (links) und
NGC 6621 (rechts), kollektiv Arp 81 genannt.
Charakteristisch für diese Doppelgalaxie sind
verdrillte Ströme aus Gas und Sternen, eine
chaotische Sternbildung und ein massereicher
Gezeitenschweif, der sich quer über den
oberen Teil des Bildes erstreckt. Der Schweif
ist 200.000 Lichtjahre lang – das ist der
doppelte Durchmesser der Milchstraße. Diese
Galaxien sind 280 Millionen Lichtjahre von uns
entfernt.

Oben DIE UNGEWÖHNLICHE
BALKENSPIRALGALAXIE IC 239
**IC 239 liegt 46 Millionen Lichtjahre entfernt
im Sternbild Andromeda. Flankiert von hellen
Sternen im Vordergrund, ist diese Galaxie für
Hobbyastronomen ein faszinierender Anblick.**

Unten **Die Balkenspiralgalaxie NGC 210 und ihr
linsenförmiges Zentrum**
**NGC 210, eine 67 Millionen Lichtjahre entfernte
helle Balkenspiralgalaxie im Sternbild Walfisch,
hat einen sehr hellen, linsenförmigen Kern. Der
Balken ist ziemlich schwer zu erkennen, und die
undeutlichen Spiralarme der Galaxie deuten
darauf hin, dass sie sich zu einer Ringgalaxis
entwickelt.**

Gegenüber NGC 1398: NOCH EIN
MILCHSTRASSENZWILLING
**Die schöne Balkenspiralgalaxie NGC 1398 liegt
im südlichen Sternbild Chemischer Ofen und
ähnelt ebenfalls unserer Milchstraße. Diese
Galaxie ist mit einem Durchmesser von 135.000
Lichtjahren etwas größer als unsere und von
der Erde rund 65 Millionen Lichtjahre entfernt.**

Umseitig DIE SCHÖNSTE »EDGE-ON«-GALAXIE
AM HIMMEL, EINE DÜNNE NADEL AUS LICHT.
**NGC 4565 im Haar der Berenike ist die
hellste und auffälligste Galaxie mit perfekter
Kantenstellung am Himmel. Wir sehen ihre
Scheibe als dünne silberne Nadel. Sie ist 43
Millionen Lichtjahre entfernt, liegt im Virgo-
Galaxienhaufen und hat einen deutlichen
zentralen Bulge, der vermuten lässt, dass sie
eine Balkenspiralform hat.**

DAS LEO-TRIPLETT: M65, M66 UND NGC 3628
Ein Objektiv mit kleiner Vergrößerung wurde
auf den rechten Teil des Sternbildes Löwe
gerichtet. Dieser zeigt drei Galaxien, die
zusammen das Leo-Triplett bilden. M65 (oben
rechts) ist eine rund 35 Millionen Lichtjahre
entfernte Balkenspiralgalaxie. M66 (unten
rechts), ebenfalls eine Balkenspiralgalaxie,
ist 36 Millionen Lichtjahre entfernt. NGC 3628
(unten links), eine Balkenspiralgalaxie in
Kantenstellung mit auffallendem Staubband,
ist 35 Millionen Lichtjahre entfernt. Die drei
sind die hellsten Mitglieder einer kleinen
Gruppe von Galaxien.

NGC 3338: EINE GALAXIE MIT EINEM
MAJESTÄTISCHEN WIRBEL AUS SPIRALARMEN
Diese Galaxie liegt 80 Millionen Lichtjahre
entfernt im Sternbild Löwe und hat helle
Spiralarme mit starker Schräglage, die sich
um den glühenden, ovalen Kern winden.

Gegenüber EINE KOSMISCHE FUSION MIT
MEHREREN SCHALEN UND SCHWEIFEN
Die seltsam verzerrte Ellipsengalaxie
NGC 474 in den Fischen ist 100 Millionen
Lichtjahre entfernt. Die benachbarte
Spiralgalaxie NGC 470 schwebt genau über
ihr. Mehrere Schalen und Gezeitenschweife
umgeben NGC 474, hervorgerufen von
Interaktionen mit ihren Nachbarn und von
Dichtewellen, die sich durch das Medium
bewegen. Diese gewaltige Galaxie hat
einen Durchmesser von 250.000 Lichtjahren,
das sind 2 1/2-mal so viel wie die
Milchstraße.

Oben NGC 2683: EINE FASZINIERENDE
SPIRALGALAXIE IN KANTENSTELLUNG
Die Spiralgalaxie NGC 2683, eine dünne
Nadel aus Licht, befindet sich fast genau
in Kantenstellung und ist ein wundervolles
Objekt für das Teleskop. Vielleicht ist sie
eine Balkengalaxie, aber das ist schwer
auszumachen, weil wir die Scheibe nicht
gut sehen können. Dank zahlreicher
alter gelblicher Sterne hat diese rund 20
Millionen Lichtjahre entfernte Galaxie einen
erstaunlich hellen Kern.

Oben NGC 5291: EINE ALTE GALAXIENKOLLISION
IN FORM EINER MUSCHELSCHALE
**Die helle gelbliche Galaxie im Zentrum dieses
Feldes im Zentaur ist NGC 5291, die bisweilen
»Muschel-Galaxie« genannt wird. Sie ist die
Folge einer Galaxienfusion und stark verzerrt.
Die von Gezeiten zerrissene Galaxie unten
wird ganz mit der größeren verschmelzen.
Dieses 200 Millionen Lichtjahre entfernte
Galaxienpaar befindet sich in dem großen
Galaxienhaufen Abell 3574, dessen andere
Mitglieder im Feld liegen.**

Gegenüber DIE SPIRALGALAXIE NGC 6946,
FEUERWERKSGALAXIE GENANNT
**Das fleckige Gesicht von NGC 6946 im Schwan,
gleich an der Grenze zum Kepheus, sieht aus
wie ein buntes Feuerwerk. Bläuliche Spiralarme
umgeben einen gelblichen Mittelpunkt und sind
mit hellen rosafarbenen Regionen gesprenkelt,
in der Sterne entstehen. Diese Face-on-Galaxie
ist 22 Millionen Lichtjahre entfernt und hat schon
oft Supernovae – explodierende Sterne – zur
Schau gestellt. Zehn helle Supernovae sind
zwischen 1917 und 2017 in ihr aufgetaucht.**

Gegenüber DIE STARK ZERRISSENE GALAXIE NGC 7714
NGC 7714 ist eine Spiralgalaxie in den Fischen,
die bei einer Begegnung mit ihrer Nachbarin
NGC 7715 (nicht sichtbar) zerfetzt wurde.
Wahrscheinlich schoss NGC 7715 durch NGC 7714
wie eine Rakete hindurch und ließ eine verformte
Scheibe und einen gigantischen Sternenring
zurück. Beide Galaxien sind rund 100 Millionen
Lichtjahre entfernt.

Oben DIE STARK VERFORMTE GALAXIE ARP 188 UND
IHR KAULQUAPPENSCHWANZ
Arp 188, manchmal »Kaulquappen-Galaxie«
genannt, ist eine interagierende Galaxie im
Sternbild Drache. Sie ist 400 Millionen Lichtjahre
entfernt und weist einen langen Wimpel auf,
der eine gravitative Interaktion mit einer oder
mehreren Galaxien in ferner Vergangenheit
vermuten lässt. Der Schweif erstreckt sich über
mehr als 280.000 Lichtjahre und enthält hellblaue
Knoten, in denen Sterne entstehen.

Oben NGC 4622 MARSCHIERT IM TAKT EINES ANDEREN TROMMLERS

NGC 4622, eine ungewöhnliche, 110 Millionen Lichtjahre entfernte Galaxie im Zentaur, wird bisweilen »rückläufig« (backward) genannt. Sie ist ein Beispiel für einen seltenen Galaxientyp, bei dem die Arme die Drehung anführen. Die meisten anderen schleppen ihre Arme hinter sich her. Die Ursache könnte eine Interaktion zwischen NGC 4622 und einer anderen, kleineren Galaxie sein.

Gegenüber NGC 3314: EINE ZUFÄLLIGE GRUPPIERUNG VON GALAXIEN AM HIMMEL

Das Universum ist groß, und der Himmel ist mit Dunkelheit gefüllt. Doch manchmal ordnen sich Objekte »genau richtig« an. NGC 3314 in der Wasserschlange sieht aus wie ein ineinander verschlungenes Galaxienpaar, ist aber nur eine zufällig entstandene Anordnung von zwei Objekten mit unterschiedlichen Entfernungen. NGC 3314a, eine Face-on-Galaxie im Vordergrund, ist 117 Millionen Lichtjahre entfernt und schwebt über dem Zentrum der 140 Millionen Lichtjahre entfernten Hintergrundgalaxie NGC 3314b.

Umseitig NGC 2841: EINE FLOCKIGE SPIRALGALAXIE

Die Galaxie NGC 2841 im Großen Bären besitzt fleckige und lückenhafte Arme, die sie zu einer flockigen Galaxie machen. Dieses hochauflösende Bild der Zentralregion der Galaxie wurde mit dem Hubble-Weltraumteleskop aufgenommen, das auch die Entfernung von NGC 2841 maß: 46 Millionen Lichtjahre.

70

Kapitel 2

IM INNEREN DER MILCHSTRASSE

Gehen Sie an einem warmen Sommerabend ins Freie, weit von den Lichtern der Stadt entfernt. Wenn Ihre Augen sich an die Dunkelheit angepasst haben, sehen Sie das blasse, schwach leuchtende Band der Milchstraße, das sich vom Schwan ganz oben bis zum Schützen weit unten erstreckt.

Dieses Band besteht aus dem Licht von Milliarden Sternen, die einzeln nicht erkennbar sind. Wir sehen die Milchstraße so, weil wir sie von innen betrachten. In Wahrheit ist sie eine Balkenspiralgalaxie, und unsere Sonne ist nur einer der Hunderte Milliarden Sterne, die sie enthält.

Unsere Galaxis besteht aus einer Scheibe aus Sternen, aus einem leuchtend hellen Zentrum, in dem sich ein riesiges schwarzes Loch sowie Stern- und Gaswirbel befinden, aus weit entfernten alten Sternen in weit verstreuten Gruppen und aus einem gigantischen Halo aus dunkler Materie. Außerdem ist die Milchstraße von einigen Satellitengalaxien umgeben, die sie mit ihrer Gravitation eingefangen hat. Auf den folgenden Seiten werden wir alle Bestandteile der Galaxis erforschen.

KURZINFO
Das Licht breitet sich im Vakuum mit einer Geschwindigkeit von 299.792.458 Metern in der Sekunde aus. Das ist die höchste Geschwindigkeit, die es gibt. Dennoch braucht das Licht rund 100.000 Jahre, um von einem Ende der Milchstraße zum anderen zu reisen.

GALAXIEN – DER LANGE WEG ZUR ANERKENNUNG

Im 4. Jahrhundert v. Chr. schrieb der griechische Philosoph Aristoteles, die Milchstraße bestehe möglicherweise aus weit entfernten Sternen. Aber es war Galileo Galilei, einer der Väter der empirischen Wissenschaften, der im Herbst 1609 als Erster sein neu gebautes Teleskop auf die leuchtende Milchstraße richtete. Er sah als Erster, dass dieses nebelhafte Lichtband aus zahllosen Sternen besteht. Später, im Jahr 1755, vermutete der deutsche Philosoph Immanuel Kant, die Milchstraße sei womöglich eine riesige rotierende Ansammlung von Sternen, zusammengehalten von der Gravitation. Kant führte auch den Begriff »Inseluniversen« ein, um große Sterngruppen zu beschreiben. Dieser Begriff wurde danach häufig verwendet – bis zu Hubbles Forschungen.

KURZINFO
Der erste Mensch, der die Natur der Milchstraße erkannte, war Galilei, der im Jahr 1609 sein neues Teleskop auf dieses leuchtende Band richtete. Er sah, dass es aus zahllosen Sternen besteht.

Nach Hubbles Entdeckung im Jahr 1923 und dem Ende der Debatte zwischen den Astronomen Harlow Shapley und Heber Curtis über die Größe des Universums rückte die Frage, was eine Galaxie ist, schnell in den Vordergrund. Ende der 1920er-Jahre herrschte nahezu Einigkeit darüber, dass die Milchstraße unsere Heimatgalaxie ist und dass das Universum viele andere Galaxien enthält, die unermesslich weit von uns entfernt sind.

Natürlich ist es schwierig, etwas über eine Galaxie in Erfahrung zu bringen, wenn man sich in ihr befindet. Deshalb bestand die Aufgabe der Astronomen im 20. Jahrhundert darin, die Milchstraße zu kartieren, Sterne zu zählen und Entfernungen zu messen, um eine Vorstellung von der Form und Struktur der Galaxis zu gewinnen.

Mithilfe des Spitzer-Weltraumteleskops, das einer heliozentrischen Umlaufbahn folgt und den Kosmos mit Infrarotlicht beobachtet, vermehrte eine andere Gruppe von Astronomen unser Wissen über die Struktur unserer Galaxis. Eines der größten Hindernisse bei dieser Beobachtung ist Staub. Die Galaxis enthält enorme Mengen davon, die das Licht von Sternen und anderen Himmelsobjekten blockieren. Mit Infrarotlicht können wir jedoch durch diesen Staub hindurchschauen und Objekte studieren, die sehr weit entfernt sind. Mit einem Kamerasystem namens GLIMPSE – kurz für Galactic Legacy Mid-Plane Survey Extraordinaire – waren die Astronomen in der Lage, unsere Galaxis genauer als je zuvor zu kartieren. Das GLIMPSE-Team zählte die Sterne in dem Mosaik, das die Kameras erstellten, und bestätigte die Existenz des zentralen Balkens der Milchstraße. Die Forscher veröffentlichten ihre Ergebnisse im Jahr 2005. Das war ein großer Schritt: die Entdeckung, dass wir nicht in einer schlichten Spiralgalaxie wie Andromeda leben, sondern in einer Balkenspiralgalaxie. Dank des GLIMPSE-Projekts und anderer neuerer Studien besitzen wir nun zum ersten Mal in der Geschichte ein recht genaues Bild der Struktur und des Inhalts unserer Milchstraße.

DIE BESTANDTEILE DER MILCHSTRASSE

Eine Balkenspiralgalaxie

Wie alle Galaxien besteht auch die Milchstraße aus zahlreichen Bestandteilen. Edwin Hubble wies nach, dass Galaxien Inseln aus Sternen, Gas und Staub sind; aber diese Inseln sind natürlich sehr unterschiedlich. Unsere Galaxis ist eine mäßig große Balkenspiralgalaxie. Sie ist zwar eine der drei großen Galaxien in der Galaxiengruppe, zu der wir gehören, aber sie wird von den größten Galaxien des Universums weit in den Schatten gestellt. Spiralgalaxien sind Scheiben aus Sternen und Gas, die wie eine CD rotieren. Balkenspiralgalaxien sind ebenfalls scheibenförmig, fallen aber durch einen Balken auf, der ihr Zentrum durchdringt. Nicht das Zentrum der Galaxie, sondern der Balken ist der Ursprung der Spiralarme.

Der galaktische Kern

Der Kern der Milchstraße ist wie die Stadtmitte, die am meisten verstopfte und aktive Region der Galaxis und zugleich ihr Zentrum. Wie wir am Himmel sehen, befindet sich das Zentrum der Galaxis im Schützen, genauer gesagt, ein kleines Stück westlich des Mittelpunktes einer Linie zwischen zwei berühmten Himmelsobjekten: dem hellen offenen Haufen M7 und dem Lagunennebel (M8).

Der Kern unserer Galaxis enthält eine dichte Region mit Sternen und Gas, die um ein sehr massereiches zentrales Objekt herumwirbeln. Dieses Objekt wurde zuerst als Radioquelle entdeckt

KURZINFO

Die Milchstraße ist etwa 9 Milliarden Jahre alt und besteht wahrscheinlich aus den miteinander verschmolzenen Bestandteilen von einem Dutzend älterer Protogalaxien – vielleicht bis zu 100. Die ältesten Sterne in der Galaxis sind über 13 Milliarden Jahre alt.

Gegenüber **Wissenschaftler glauben, dass unsere Galaxis vier große Spiralarme hat, die von einem zentralen Balken ausgehen. Die Sonne befindet sich ungefähr 26.000 Lichtjahre vom Zentrum entfernt in einem kleinen Arm, dem Orion-Arm.**

DIE MILCHSTRASSE

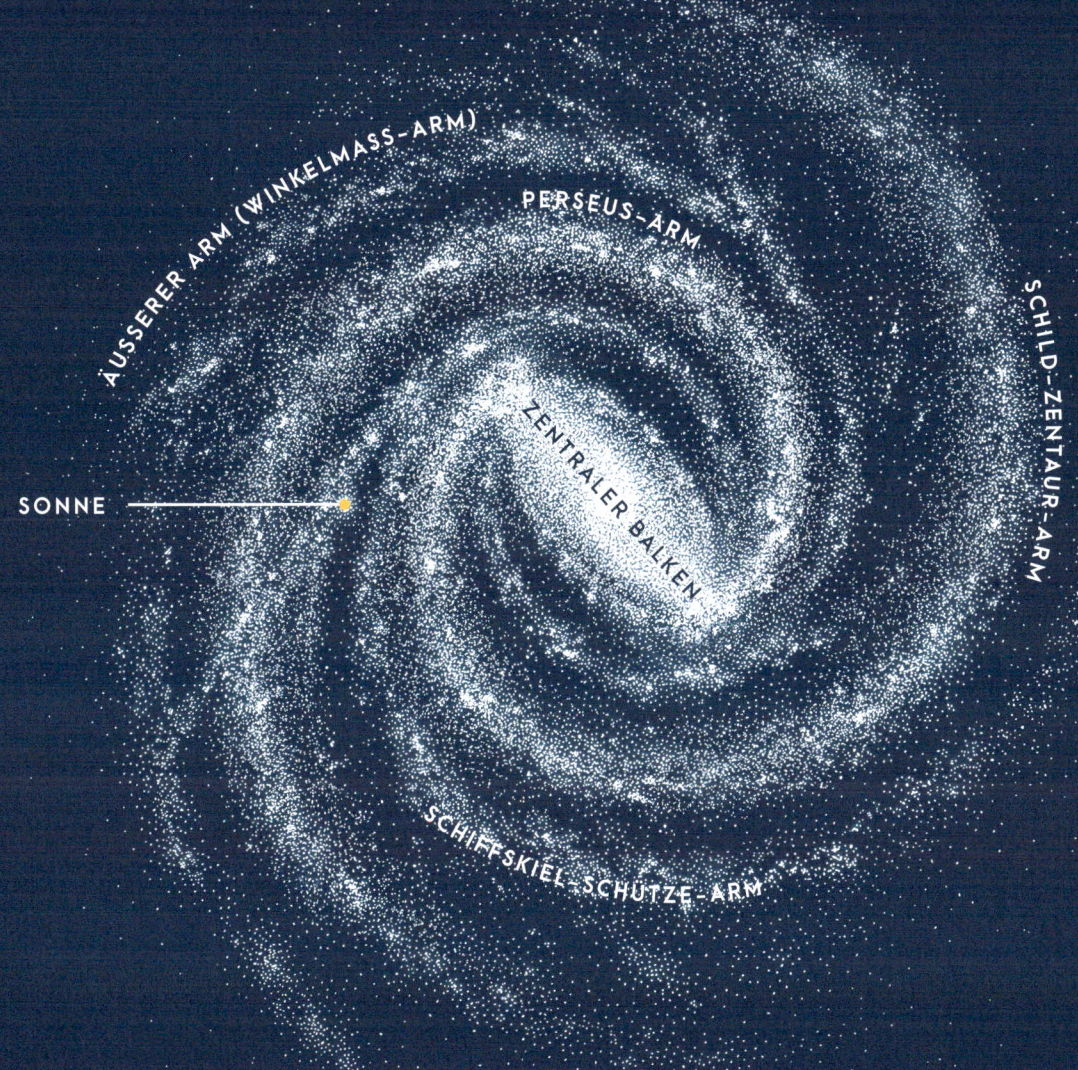

ÄUSSERER ARM (WINKELMASS-ARM)

PERSEUS-ARM

SCHILD-ZENTAUR-ARM

ZENTRALER BALKEN

SONNE

SCHIFFSKIEL-SCHÜTZE-ARM

Unsere Sonne und das Sonnensystem sind etwa 26.000 Lichtjahre vom Zentrum unserer Galaxis entfernt. Wenn wir ihr Zentrum sehen könnten – es ist in Staub gehüllt –, würden wir es so sehen, wie es vor 26.000 Jahren ausgesehen hat. Damals schufen Menschen Felsbilder und bauten die ersten Öfen.

und Sagittarius A* (ausgesprochen: Sagittarius-A-Stern) genannt. Es handelt sich um ein supermassereiches schwarzes Loch. Nach sorgfältigem Messen der Geschwindigkeiten der Sterne, die das galaktische Zentrum umkreisen, schätzen Forscher, dass die Masse des schwarzen Lochs 4,3 Millionen Sonnenmassen beträgt. All diese Masse ist in einer Kugel zusammengepresst, die etwa die Größe der Merkur-Umlaufbahn hat. Sie sorgt für ein unglaublich bizarres und dichtes Milieu aus Sternen und Gaswolken, die mit hoher Geschwindigkeit herumwirbeln.

Der galaktische Bulge

Der Kern der Milchstraße ist von einem zentralen Bulge umgeben. Diese sehr dichte Region enthält Sterne, Gas und Staub. Der Bulge hat die Masse von rund 20 Milliarden Sonnen und leuchtet 5 Milliarden Mal heller als die Sonne.

Die Scheibe der Milchstraße

Die meisten Sterne und das meiste Gas in der Milchstraße befinden sich in der hellen Scheibe der Galaxis, deren Form und Bewegung einer langsam rotierenden CD gleichen. Diese Scheibe dehnt sich auf jeder Seite des Zentrums etwa 44.000 Lichtjahre weit aus; jenseits dieser Entfernung reicht sie noch weiter, aber die Zahl der Sterne nimmt erheblich ab. Insgesamt hat die strahlende Scheibe einen Durchmesser von mindestens 100.000 Lichtjahren. Neuere Studien deuten jedoch darauf hin, dass sie erheblich größer sein könnte.

Die Scheibe aus Sternen, Gas und Staub hat zwei Komponenten, eine dünne und eine dicke Scheibe. Astronomen wissen, dass die dünne Scheibe rund 90 Prozent der Sterne in der Galaxis enthält, einschließlich der Sonne und unseres Sonnensystems und aller jungen, massereichen Sterne, die in offenen Sternhaufen geboren werden. Die dünne Scheibe ist jünger – sie hat sich vor mehr als 8 Milliarden Jahren gebildet – und etwa 1.500 Lichtjahre dick. Sie gleicht einer langsam rotierenden Schallplatte. Die dicke, ältere Scheibe ummantelt die dünne; sie ist rund 3.000 Lichtjahre dick und enthält viel weniger Sterne. Die Sterne in der dicken Scheibe sind älter, sie haben sich früher in der Geschichte des Universums gebildet, und der größte Teil des Gases und des Staubs in der Galaxis ist in einer dünnen Schicht enthalten, die nicht weiter als 500 Lichtjahre von der Scheibe entfernt ist.

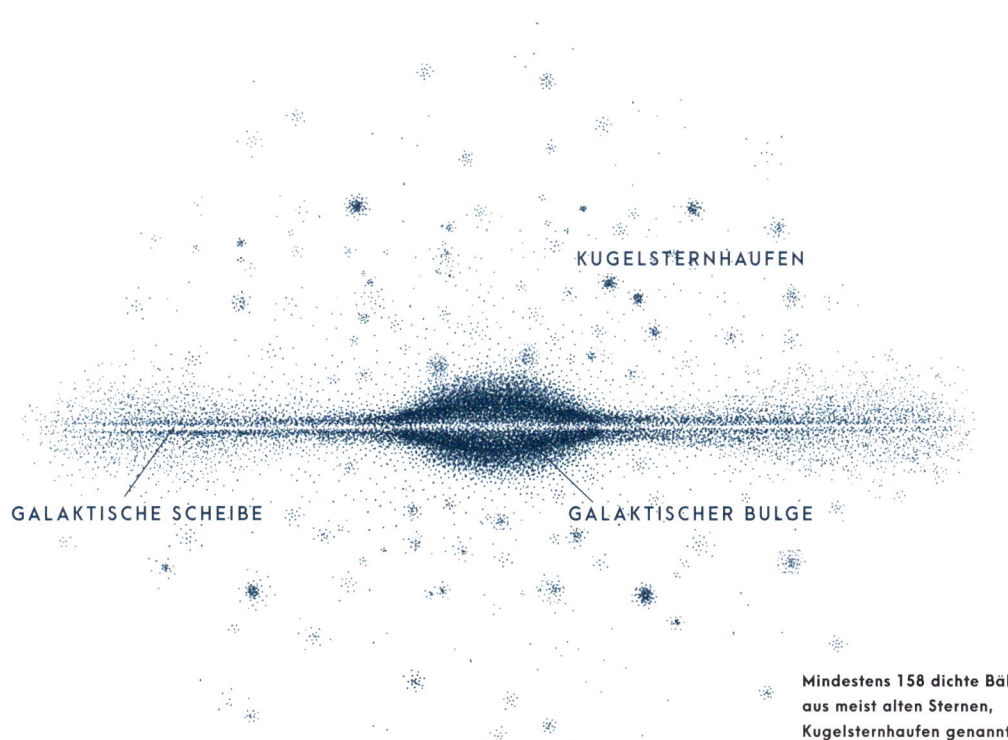

KUGELSTERNHAUFEN

GALAKTISCHE SCHEIBE

GALAKTISCHER BULGE

Mindestens 158 dichte Bälle aus meist alten Sternen, Kugelsternhaufen genannt, umkreisen das Zentrum der Milchstraße innerhalb ihres erweiterten Halos.

Der zentrale Balken in der Scheibe der Milchstraße besteht aus zwei Elementen. Was Astronomen den »Zentralbalken« nennen, erstreckt sich vom Zentrum aus etwa 11.400 Lichtjahre in den Raum. Der lange Balken hat einen größeren Durchmesser und reicht weiter; er umgibt den Zentralbalken und hat einen Durchmesser von rund 28.700 Lichtjahren.

Spiralarme

Die Milchstraße hat mindestens sechs große Spiralarme, die sich vom Zentrum der Galaxie aus nach außen winden. Um sie zu untersuchen, bewegen wir uns vom innersten Arm zum Zentrum der Milchstraße und dann zum äußersten Arm. Worin unterscheiden sich die Arme?

KURZINFO
Die Scheibe der Galaxis ist etwa 1.000 Lichtjahre dick. Ihr zentraler Balken ist ungefähr 10.000 Lichtjahre lang.

ANSICHT VON OBEN

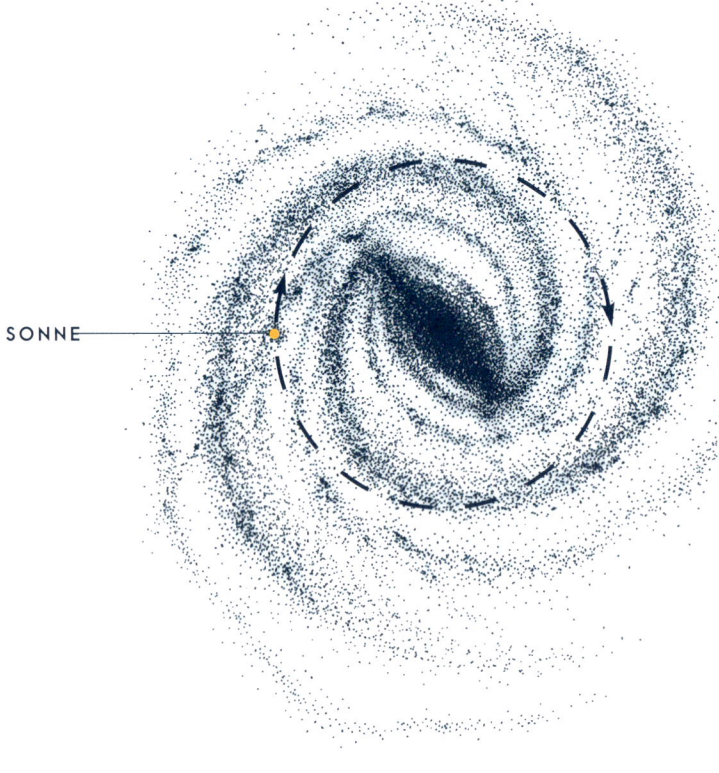

SONNE

SEITENANSICHT

SONNE

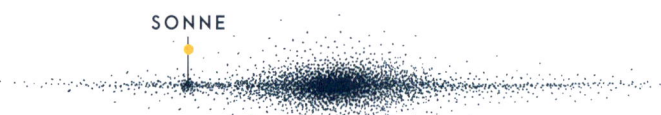

Der innerste Spiralarm ist der 3-Kiloparsec-Arm (3-kpc-Arm), den Astronomen in den 1950er-Jahren mit Radioteleskopen entdeckten. Er enthält etwa 10 Millionen Sonnenmassen Gas, meist in Form von Wasserstoffatomen und -molekülen. Seine äußeren Teile bilden den Perseus-Arm, einen der zwei auffallendsten Arme der Galaxis.

Als Nächstes folgen der Winkelmaß-Arm und äußere Arme. Der Winkelmaß- oder Norma-Arm liegt in der Nähe des galaktischen Zentrums, und sein äußerer Teil ist der buchstäbliche »Äußere Arm«.

Gegenüber **Unsere Sonne und unser Sonnensystem drehen sich mit 724.205 Kilometern pro Stunde um das Zentrum der Milchstraße. Für einen Umlauf benötigen sie etwa 220 Millionen Jahre.**

Wenn wir uns weiter nach außen bewegen, begegnen wir dem Schild-Zentaur-Arm, einem langen, diffusen Band aus Sternen und Gas, das an einem Ende des Balkens entspringt. Dieser Arm ist reich an neu entstandenen Sternen.

Dann folgt der Schiffskiel-Schütze-Arm. Obwohl er eher unbedeutend ist, kann man ihm ziemlich leicht folgen, weil er einige Regionen mit Sternbildung enthält, die einige seiner Teile erhellen.

Zwei weitere Arme sind etwas weniger deutlich zu sehen, aber sie sind wegen ihrer Position wichtig für uns. Zwischen dem Schiffskiel-Schütze- und dem Perseus-Arm befindet sich ein kurzer Arm, Orion-Schwan-Arm genannt. Dieser kurze Arm enthält die Sonne und unser Sonnensystem und ist insofern der wichtigste Arm der Galaxis für uns. Er heißt Orion-Schwan-Arm, weil einige der hellsten Sterne in diesem bekannten Sternbild auf ihm liegen.

Der Halo der Milchstraße

Weit außerhalb der zwei Scheiben unserer Milchstraße befindet sich der »Halo« (Lichthof), der alles einhüllt. Diese äußere Komponente enthält metallarme Kugelsternhaufen aus alten gelblich leuchtenden Sternen, von denen Sie viele gut mit Ihrem Teleskop sehen können. Zu den hellsten gehören der Herkules-Haufen (M13) und Omega Centauri. Der Halo enthält außerdem Wolken aus neutralem Wasserstoffgas – das aus Wasserstoffatomen mit einem Proton und einem Elektron besteht – sowie dunkler Materie in großer Menge und reicht an allen Seiten etwa 200.000 Lichtjahre über das galaktische Zentrum hinaus.

DIE SATELLITENGALAXIEN DER MILCHSTRASSE

Einige benachbarte kleinere Galaxien umkreisen die Milchstraße als Satelliten. Die beiden berühmtesten wurden schon vor tausend Jahren entdeckt, aber erst viel später nach dem portugiesischen Seefahrer Ferdinand

Der Orion–Schwan–Arm enthält die Sonne und unser Sonnensystem.

Magellan benannt, weil er während einer Reise im Jahr 1519 in seinem Logbuch über sie schrieb. Die Magellanschen Wolken sind am Himmel der südlichen Hemisphäre zu sehen. Mit bloßen Augen sehen sie wie Flecken der Milchstraße aus, aber in Wirklichkeit sind sie selbstständige Galaxien, die unsere Milchstraße umkreisen, und jede hat eine ungewöhnliche Struktur.

Die Große Magellansche Wolke (GMW), die rund 163.000 Lichtjahre entfernt in den Sternbildern Schwertfisch und Tafelberg schwebt, ist eine unregelmäßige Galaxie mit einem schwachen Balken. Mit einem Durchmesser von 14.000 Lichtjahren erreicht sie nur etwa 14 Prozent der Größe unserer Milchstraße, und ihre Masse entspricht ungefähr 10 Milliarden Sonnenmassen. Ihre Form wird von der Gravitation der Milchstraße verzerrt. Die GMW ist reich an Gas und Staub und enthält den Tarantelnebel, eine unglaublich aktive sternbildende Region, die Sie mit Ihrem Teleskop gut sehen können. Hier haben Astronomen vor etwa 30 Jahren auch die Supernova 1987A beobachtet, den am nächsten liegenden explodierenden Stern seit vielen Jahren.

Die Kleine Magellansche Wolke (KMW) ist ebenfalls am Himmel der Südhalbkugel zu sehen, in den Sternbildern Kleine Wasserschlange und Tukan. Auch diese Galaxie ist unregelmäßig geformt und besitzt einen schwachen Balken. Sie ist blasser als die GMW und mit 200.000 Lichtjahren etwas weiter entfernt. Ihr Durchmesser beträgt nur 7.000 Lichtjahre, und ihre Masse entspricht rund 7 Milliarden Sonnenmassen. Eine blasse Brücke verbindet diese zwei kleineren Galaxien miteinander und verdeutlicht, wie die Gravitation der Milchstraße an ihnen zerrt.

Etliche weitere Zwerggalaxien mit kleiner Masse sind der Milchstraße relativ nahe, und viele von ihnen umkreisen unsere Galaxis. Dazu gehören die Sagittarius-, die Sculptor-, die Drachen-, die Fornax- und die Kleiner-Bär-Zwerggalaxie sowie Leo I und II. Die Gravitation größerer Galaxien zieht kleine Galaxien oft nach innen, und irgendwann verschlingen die größeren Galaxien ihre kleineren Nachbarinnen. Das geschieht zurzeit mit der kugelförmigen Sagittarius-Zwerggalaxie, die von galaktischen Gezeiten verformt und langsam zerrissen und der Milchstraße einverleibt wird.

KURZINFO

Unsere Galaxiengruppe, die Lokale Gruppe, enthält mindestens 55 Galaxien – darunter die Milchstraße –, aber vielleicht sogar bis zu 100 Galaxien, unter ihnen viele lichtschwache Zwerggalaxien.

Die Sagittarius-Zwerggalaxie, ein Satellit der Milchstraße, wird von der immensen Gravitation unserer Galaxis zerrissen. Eines Tages wird die Milchstraße sie verschlingen.

Gegenüber **DIE LOKALE BLASE**
Die Lokale Blase ist ein weitgehend leeres Gebiet, das im Vergleich zum Rest der Milchstraße 90 Prozent weniger Wasserstoffatome enthält. Das verbliebene Gas ist heiß und emittiert Röntgenstrahlen. Astronomen glauben, dass benachbarte Supernovae in den letzten 20 Millionen Jahren die Blase und das Gas erzeugt haben.

DIE LOKALE BLASE

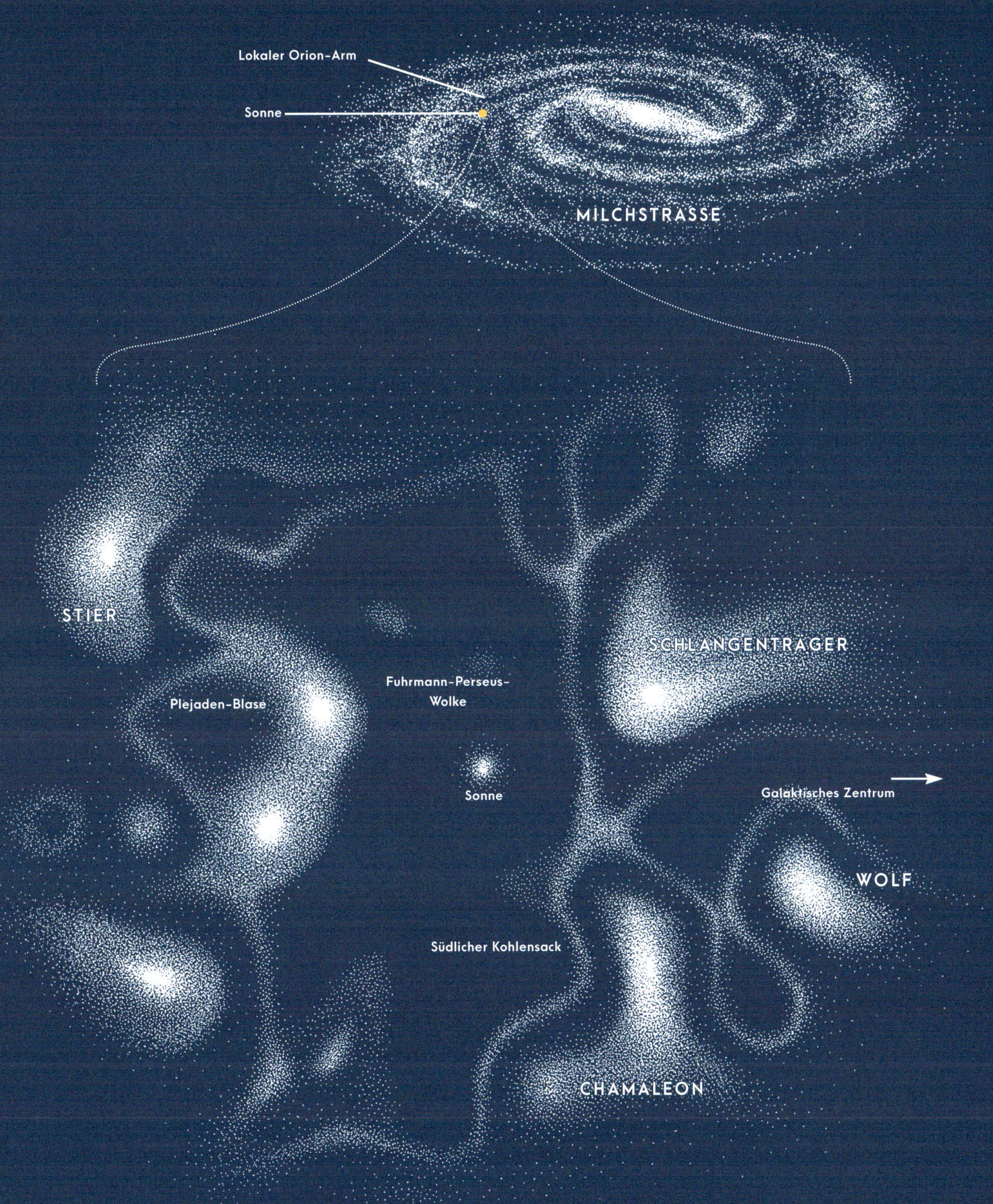

Lokaler Orion-Arm

Sonne

MILCHSTRASSE

STIER

SCHLANGENTRÄGER

Plejaden-Blase

Fuhrmann-Perseus-
Wolke

Sonne

Galaktisches Zentrum →

WOLF

Südlicher Kohlensack

CHAMÄLEON

DIE MAGELLANSCHE BRÜCKE

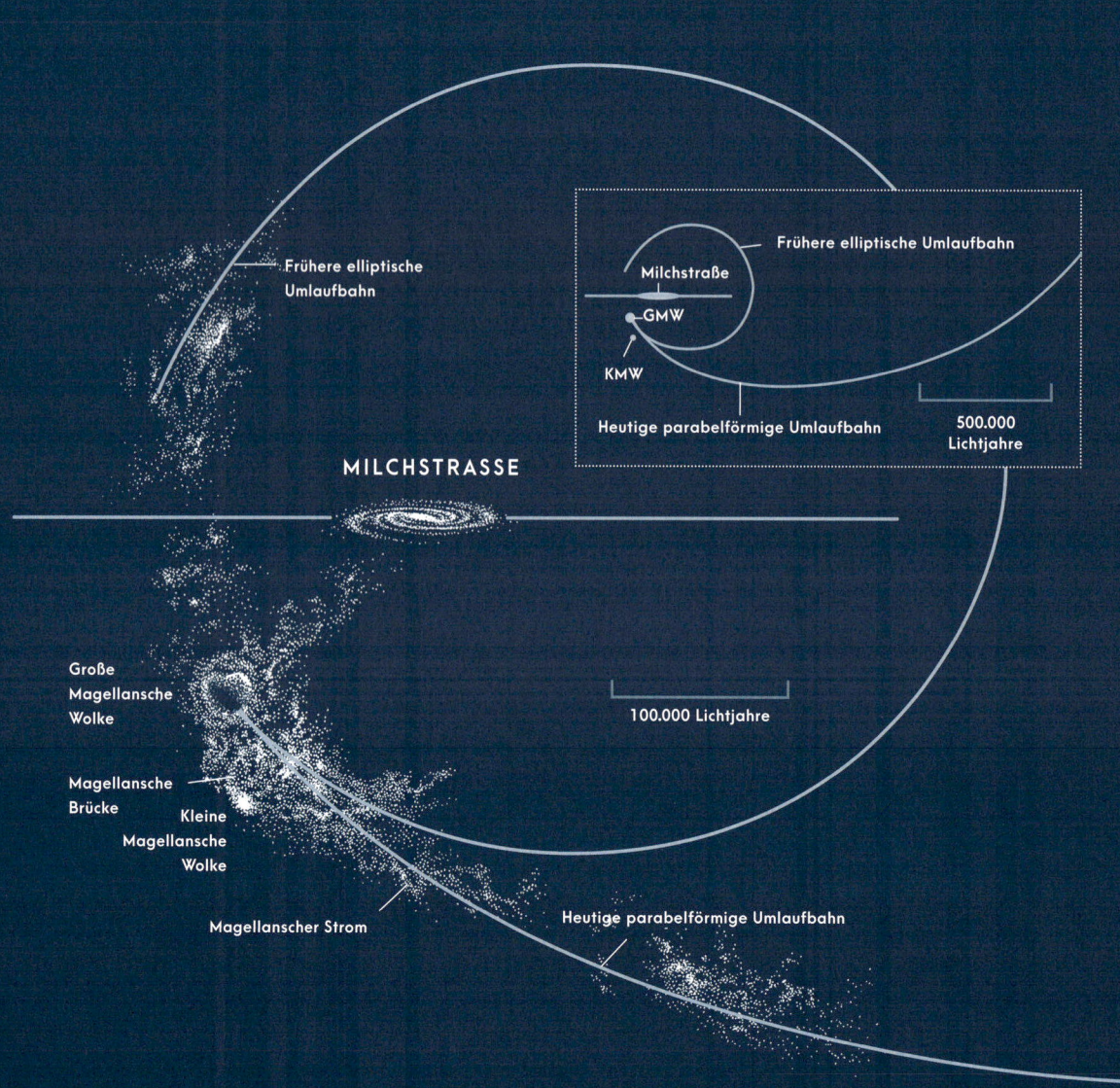

Frühere elliptische Umlaufbahn

Frühere elliptische Umlaufbahn

Milchstraße

GMW

KMW

Heutige parabelförmige Umlaufbahn

500.000 Lichtjahre

MILCHSTRASSE

Große Magellansche Wolke

Magellansche Brücke

Kleine Magellansche Wolke

Magellanscher Strom

100.000 Lichtjahre

Heutige parabelförmige Umlaufbahn

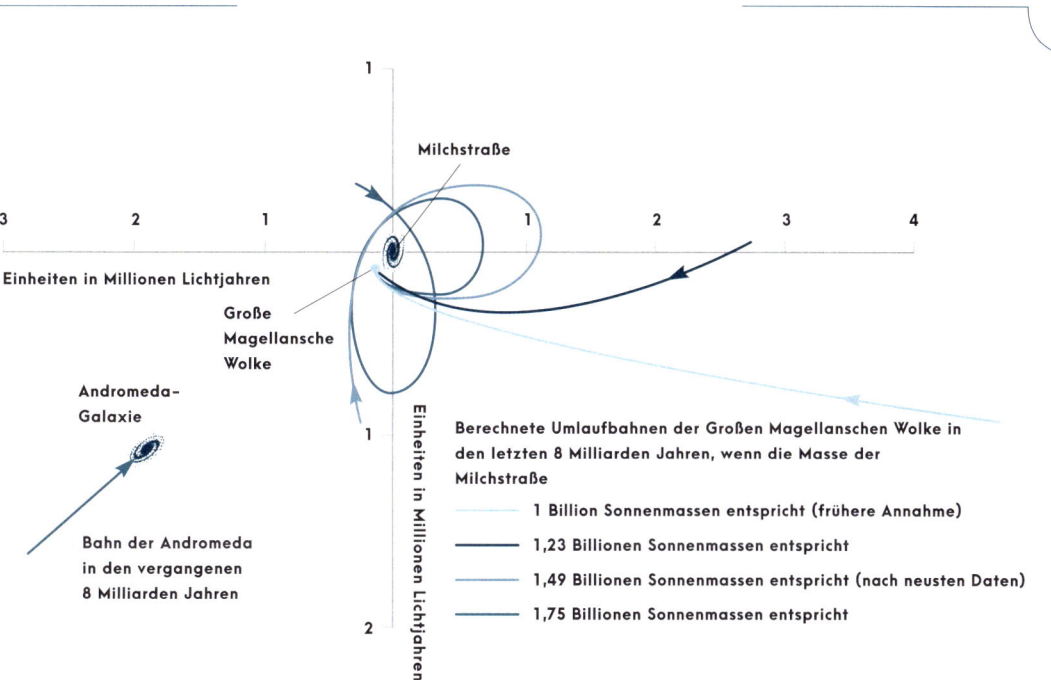

Einheiten in Millionen Lichtjahren

Einheiten in Millionen Lichtjahren

Milchstraße

Große
Magellansche
Wolke

Andromeda-
Galaxie

Bahn der Andromeda
in den vergangenen
8 Milliarden Jahren

Berechnete Umlaufbahnen der Großen Magellanschen Wolke in
den letzten 8 Milliarden Jahren, wenn die Masse der
Milchstraße

1 Billion Sonnenmassen entspricht (frühere Annahme)

1,23 Billionen Sonnenmassen entspricht

1,49 Billionen Sonnenmassen entspricht (nach neusten Daten)

1,75 Billionen Sonnenmassen entspricht

Oben **Die Umlaufbahnen der Großen und der
Kleinen Magellanschen Wolke bestimmen, wo sie
nach der Verschmelzung der Milchstraße und der
Andromeda enden werden. Die Umlaufbahnen
hängen von der Masse der Milchstraße ab, die
seit Neustem umstritten ist. Eine größere Masse
würde zu einer engeren Umlaufbahn der Großen
Magellanschen Wolke führen. Wenn die Masse
der Milchstraße 1,75 Billionen Sonnenmassen
entspräche, bliebe die GMW wahrscheinlich an
die neue Galaxie gebunden. Entspräche sie
nur 1 Billion Sonnenmassen, würde die GMW
während der Verschmelzung vermutlich in den
Weltraum hinaus geschleudert werden. Was
immer mit der GMW geschehen mag, die Kleine
Magellansche Wolke wird ihr wahrscheinlich
folgen.**

Gegenüber **DIE MAGELLANSCHE BRÜCKE
Beide Magellansche Wolken sind von einem
Nebel aus Wasserstoff umhüllt, Magellansche
Brücke genannt, und sie besitzen einen
langen Schweif aus ähnlichem Material, den
Magellanschen Strom. Diese Abbildung zeigt
ihre Positionen relativ zueinander und zur
Milchstraße sowie ihre vor Kurzem berechnete
parabelförmige Bahn.**

Können Sie sich vorstellen, wie unser Nachthimmel aussehen wird, wenn sich uns eine große
Spiralgalaxie nähert? Die Andromeda-Galaxie,
die heute als verschwommener Fleck zu sehen ist,
wird am Himmel immer größer werden, während
sie auf die Erde zufliegt. Irgendwann wird sich
allen Lebewesen in beiden Galaxien ein unglaublicher Anblick bieten. Natürlich wird die Erde
dann schon seit Langem unbewohnbar sein. Aber
es ist durchaus möglich, dass zahllose andere Welten Wesen beherbergen, die nach oben schauen
und dieses Schauspiel beobachten. Für sie wird
es ein normaler Anblick sein, weil Bewegungen
im Universum sehr langsam ablaufen. Wir sehen
immer nur ein Einzelbild aus einem gigantischen,
unglaublich langen kosmischen Film.

KURZINFO
Alle Sterne, die Sie mit bloßem Auge am Nachthimmel sehen können – an einem völlig dunklen Ort bis zu 2000 –, gehören zur Milchstraße. Nur ein paar andere, fernere Galaxien sind fürs Auge als verschwommene helle Flecken sichtbar.

Wir können ein weiteres großes Paar kollidierender Galaxien beobachten: NGC 4676A und NGC 4676B im Haar der Berenike, oft »die Mäuse« genannt. Diese zwei Galaxien sind ein seltsames Paar: Eine ist eine Balkenspiralgalaxie, die andere ist eine unregelmäßige Galaxie. Astronomen bezeichnen solche verformten Objekte oft als »ungewöhnlich«. Die Mäuse sind eindrucksvolle 290 Millionen Lichtjahre entfernt und dennoch so hell, dass Amateurastronomen sie beobachten und fotografieren können.

Die Zukunft der Milchstraße

WIE GALAXIEN ZUSAMMENSTOSSEN

Im Jahr 2008 berechneten der amerikanische theoretische Physiker Abraham Loeb und seine Kollegen an der Harvard University, dass die Andromeda-Galaxie und die Milchstraße in einigen Milliarden Jahren zusammenstoßen und verschmelzen werden. Loeb und seine Kollegen studierten die Halos aus dunkler Materie und schufen mithilfe einer Reihe von Computersimulationen Modelle der Kollision. Der künftigen Supergalaxie aus den Überresten der Milchstraße (englisch milky way) und der Andromeda gaben sie den Namen »Milkomeda«.

Die Astronomen stellten fest, dass die zwei Galaxien in weniger als 2 Milliarden Jahren zum ersten Mal dicht aneinander vorbeirasen werden. Bis zum Zusammenstoß und der Verschmelzung wird es noch knapp 5 Milliarden Jahre dauern. Zunächst wird diese Begegnung einem langsamen Tanz im Weltraum ähneln. Später werden sich die Galaxien einander immer weiter nähern und dann schneller miteinander verschmelzen, bis die Halos aus dunkler Materie etwa 300.000 Lichtjahre voneinander entfernt sein werden.

DIE MILCHSTRASSE IM LICHT DES NACHTHIMMELS
Ein Teil der Milchstraße ragt auf diesem faszinierenden
Bild, das in Australien aufgenommen wurde, vertikal
nach oben. Die ätherischen Ringe aus orangefarbenem
Licht umrahmen die Galaxis. Ihre Ursache ist ein
Nachthimmellicht (Airglow), zu dem es kommt, wenn
Sauerstoff- und Stickstoffatome mit den Hydroxidionen
in der höheren Atmosphäre der Erde reagieren. Das
Produkt dieser Chemolumineszenz ist eine Galaxie,
die von einem geisterhaften Halo aus glühendem Licht
umgeben ist.

Vorherige Seite **DIE MILCHSTRASSE LEUCHTET ÜBER DER ATACAMA-WÜSTE**
Unsere Galaxis, die Milchstraße, explodiert auf diesem Bild in Farben. Es wurde in der chilenischen Atacama-Hochwüste aufgenommen, unter dem wohl dunkelsten Himmel auf Erden. Die Linie der Milchstraße ist mit bläulichem und rosafarbenem Licht gesprenkelt, das von strahlenden Sternhaufen und Nebeln stammt. Die Kleine Magellansche Wolke ist unten rechts zu sehen.

Oben **DAS GEISTERHAFTE GLÜHEN DER MILCHSTRASSE**
Die Scheibe der Milchstraße erstreckt sich quer über unseren Nachthimmel. Sie ist in der richtigen Jahreszeit und zum richtigen Zeitpunkt an einem dunklen Ort sichtbar. Was wir sehen, ist das Licht von Milliarden Sternen, die über die Scheibe der Galaxis verstreut sind, so wie wir sie von innen sehen. Wir wissen nicht genau, wie unsere Galaxis von außen aussieht; aber wir haben eine ungefähre Vorstellung, die auf der Kartografie der Milchstraße beruht. Auf diesem Bild stehen die Parabolantennen des ALMA-Observatoriums in Chile im Vordergrund.

Gegenüber **ROSA REGIONEN, IN DENEN STERNE ENTSTEHEN, ERHELLEN DIE GMW**
Die Große Magellansche Wolke glüht in hellem lila- und rosafarbenem Licht. Das Bild wurde mit dem Ein-Meter-Teleskop der Europäischen Südsternwarte aufgenommen. Die größte Sternfabrik ist der Tarantelnebel links vom Zentrum.

Vorherige Seite DIE GROSSE MAGELLANSCHE
WOLKE IN ULTRAVIOLETTEM LICHT
Der Swift-Satellit der NASA nahm dieses
Fotomosaik der GMW mit UV-Licht auf.
Auf diesem Bild fallen junge Sterne in der
GMW auf, und oben links ist der riesige
Tarantelnebel NGC 2070 zu sehen.

Oben DER SATELLIT DER MILCHSTRASSE IM
DRACHEN
Diese kugelförmige Zwerggalaxie umkreist die Milchstraße in einer Entfernung
von etwa 260.000 Lichtjahren. Sie wurde
1954 in der Lowell-Sternwarte entdeckt.
Vor Kurzem haben Astronomen festgestellt,
dass diese Galaxie sehr viel dunkle
Materie enthält.

Gegenüber DIE KLEINE MAGELLANSCHE WOLKE
UND 47 TUCANAE
Dieses Bild der KMW wurde mit dem
VISTA-Teleskop der Europäischen
Südsternwarte aufgenommen. In den
rosafarben glühenden Regionen werden
neue Sterne geboren. Rechts der
Galaxie befindet sich der gigantische
Kugelsternhaufen 47 Tucanae, einer der
hellsten am Himmel.

DIE FORNAX-ZWERGGALAXIE: EIN SATELLIT DER MILCHSTRASSE
Die leuchtende Staubwolke, die Fornax-Zwerggalaxie heißt, ist
eine elliptische Galaxie und wurde 1938 entdeckt. Sie ist ein
Satellit der Milchstraße und 460.000 Lichtjahre von ihr entfernt.
Fornax enthält den sehr hellen Kugelsternhaufen NGC 1049, der
auch mit kleinen Teleskopen zu sehen ist.

1

Seiten 100–105 **Die meisten Galaxien entfernen sich voneinander, weil das Universum sich ausdehnt. Aber lokale Bewegungen und die Gravitation bewirken, dass einige stattdessen aufeinander zu rasen. Das gilt auch für die Milchstraße und die Andromeda-Galaxie, unsere nächste galaktische Nachbarin, die 2,5 Millionen** Lichtjahre entfernt ist. Sie nähert sich unserer Galaxis mit einer Geschwindigkeit von 306 Kilometern pro Sekunde und wird in rund 4 Milliarden Jahren mit ihr verschmelzen. Diese schöne Fotoserie zeigt unseren heutigen Nachthimmel mit Andromeda links von der Milchstraße (Bild 1), die immer größer werdende Andromeda, die sich uns nähert (Bild 2), die chaotischen, ineinander verwobenen Arme beider Galaxien in 3,9 Milliarden Jahren (Bild 3), das Glühen der ineinandergreifenden Galaxien in 5,1 Milliarden Jahren (Bild 4) und die völlig verschmolzenen Galaxien in etwa 7 Milliarden Jahren (Bilder 5 und 6).

2

3

4

4

5

Arp 269: **INTERAGIERENDE GALAXIEN IM STERNBILD JAGDHUNDE**
Eines der bekannteren Beispiele für interagierende Galaxien
befindet sich 25 Millionen Lichtjahre entfernt im Frühlingssternbild
Jagdhunde. NGC 4485 und NGC 4490, Arp 269 genannt, umkreisen
einander und werden eines Tages miteinander verschmelzen. Die
hellere und größere NGC 4490 wird bisweilen Kokon-Galaxie
genannt.

Kapitel 3

NACHBARGALAXIEN: DIE LOKALE GRUPPE

A Die Astronomen kennen unsere kosmische Nachbarschaft heute recht gut. Über einige der bekanntesten haben wir bereits gesprochen, zum Beispiel über die Andromeda-Galaxie und die Magellanschen Wolken. Mindestens 54 Galaxien haben sich in der Lokalen Gruppe versammelt, von der Gravitation als Schwestern in derselben Familie zusammengehalten. Wie bei den Sternen ist es schwierig, ihre genaue Zahl zu bestimmen. Die meisten dieser Galaxien sind nämlich Zwerggalaxien, die schwer auszumachen sind, sofern sie uns nicht ziemlich nahe sind; einige noch unbekannte Zwerggalaxien in der Nähe verdeckt möglicherweise der Staub unserer Milchstraße. Zurückhaltend geschätzt, dürften mindestens 54 Galaxien (wahrscheinlich mehr) zu unserem Klan gehören.

UNSERE GALAKTISCHEN GESCHWISTER

Wie wir gesehen haben, dehnt sich das Universum in alle Richtungen aus. Hubble, Slipher, Humason und andere fanden in den 1910er- und 1920er-Jahren die ersten Beweise dafür. Seit den 1960er-Jahren haben Astronomen eindeutige Beweise dafür gesammelt, dass das Universum vor rund 13,8 Milliarden Jahren mit einem Urknall entstand. Die Expansion des Universums hindert jedoch einige Galaxien nicht daran, lokale Gruppen zu bilden. Das ist das Werk der Gravitation. In der zweiten Hälfte des 20. Jahrhunderts begannen Astronomen, die Geschichte unserer Nachbargalaxien zusammenzusetzen. Edwin Hubble nannte diese Galaxien in seinem 1936 veröffentlichten Buch *The Realm of the Nebulae* »Lokale Gruppe«, und der Begriff setzte sich durch.

Denken Sie an unsere Reise in den Kosmos in einem Raumschiff. Wir wissen nun, dass es 100.000 Jahre dauern würde, die Milchstraße zu durchqueren – wenn wir mit Lichtgeschwindigkeit reisen könnten. Würden wir die Fahrt mit dieser Geschwindigkeit fortsetzen und die Lokale Gruppe von einem Ende zum anderen durchqueren, bräuchten wir dafür 10 Millionen Jahre. Eine Reise von der Erde bis zu den Galaxien der Lokalen Gruppe würde mehrere Millionen Jahre dauern. Die Andromeda-Galaxie, unsere hellste und größte Nachbarin, ist 2,5 Millionen Lichtjahre entfernt. Das Licht, das Ihr Auge wahrnimmt, wenn Sie Andromeda mit einem Teleskop betrachten, war also 2,5 Milliarden Jahre unterwegs. Es ist einfach, sich die Größe unserer Lokalen Gruppe im Vergleich mit unserer Milchstraße vorzustellen: Der Durchmesser der Lokalen Gruppe ist etwa 100-mal größer als der unserer Galaxis. Dieses geistige Bild vermittelt uns jedoch nur eine ungefähre Vorstellung von der Größe des Kosmos. Wir haben erst eine Zehe in den kosmischen Ozean getaucht.

KURZINFO

Als Hubble die Lokale Gruppe entdeckte, kannte er 12 Galaxien, die dazugehören. Inzwischen hat sich diese Zahl mehr als vervierfacht.

DIE MITGLIEDER DER LOKALEN GRUPPE

Astronomen glauben, dass unsere Lokale Gruppe einer Kugelwolke mit einem Durchmesser von etwa 10 Millionen Lichtjahren gleicht. Die beiden Regionen mit der größten Masse im Inneren der Kugel sind die Gebiete rund um die Andromeda-Galaxie und rund um die Milchstraße. Die dritte relativ große Galaxie in der Lokalen Gruppe ist die Dreiecksgalaxie M33, auch Triangulumnebel genannt. Neben diesen großen Drei spielen die übrigen Galaxien in der Lokalen Gruppe nur eine Nebenrolle. Dennoch sind sie als Nachbarn für uns wichtig, weil sie es den Astronomen ermöglichen, verschiedene Galaxientypen zu studieren.

Nachdem die Astronomen erkannt hatten, was Galaxien sind, stuften sie natürlich die Milchstraße und die Andromeda-Galaxie als erste Mitglieder der Lokalen Gruppe als Galaxien ein. Bald folgten ihnen die Magellanschen Wolken, und kurze Zeit später fanden die Astronomen heraus, dass M33 eine Nachbarin innerhalb unserer Lokalen Gruppe ist. Die blasseren Mitglieder wurden erst in jüngerer Zeit als Nachbargalaxien entdeckt und identifiziert, einige von ihnen erst vor einer Generation.

DIE SATELLITEN DER MILCHSTRASSE

Neben den hellen Magellanschen Wolken umkreist ein Gefolge von mindestens 12 anderen Satellitengalaxien die Milchstraße. Wir wollen sie von der nächsten bis zur fernsten besprechen.

Im Jahr 2008 fanden Astronomen Beweise für die möglicherweise nächste Zwerggalaxie, die um die Milchstraße kreist, die Canis-Major-Zwerggalaxie. Obwohl ihre Existenz noch umstritten ist, besitzt diese Galaxie wahrscheinlich eine Masse, die einer Milliarde Sonnen entspricht. Man glaubt, dass sie 25.000 Lichtjahre entfernt ist und von den Gravitationskräften der Milchstraße zerrissen wird. Diese Struktur wurde mithilfe einer Infrarot-Durchmusterung namens 2MASS entdeckt; da dieses Areal allerdings stark verdunkelt ist, ist noch nicht ganz klar, wie die Daten zu interpretieren sind. Vielleicht sehen die Astronomen nur ungewöhnliche entlegene Sterne der Milchstraße.

Die Sagittarius-Zwerggalaxie, die 1994 in einer Durchmusterung auftauchte, ist mit größerer Wahrscheinlichkeit ein Satellit der Milchstraße. Wie alle Zwerggalaxien wurde sie nach dem Sternbild benannt, in dem sie an unserem Himmel liegt. Sie ist eine Ellipse und nur etwa 65.000 Lichtjahre entfernt. Ihr Durchmesser beträgt 10.000 Lichtjahre. Sie hat eine geringe Masse und wird von vier Kugelhaufen aus alten Sternen begleitet, von denen einer, M54, den Hobbyastronomen bekannt ist, weil er in der Nähe des Milchstraßenzentrums liegt. Astronomen haben berechnet, dass die Sagittarius-Zwerggalaxie während ihres elliptischen, schleifenförmigen Orbits die Ebene der Milchstraße mehrere Male durchstoßen hat. In etwa 100 Millionen Jahren wird die Galaxie die Scheibe der Milchstraße erneut durchqueren und ihr noch mehr Masse entreißen. Dabei wird sie jedoch immer langsamer und in die Milchstraße integriert werden – ein weiteres Opfer des galaktischen Kannibalismus.

Die nächste in der Reihe ist die Zwerggalaxie Ursa Major II, eine kugelförmige Zwerggalaxie, die etwa 100.000 Lichtjahre entfernt ist. Sie wurde 2006 entdeckt und enthält wie die anderen

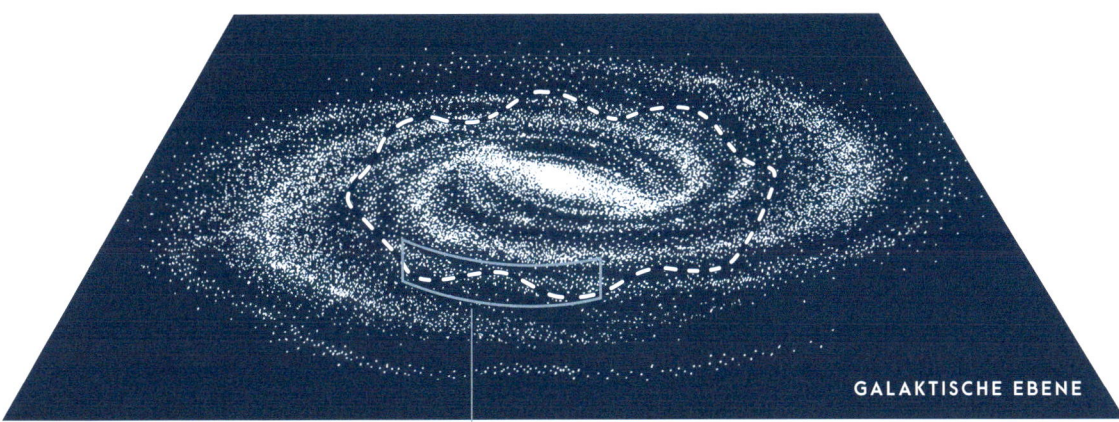

GALAKTISCHE EBENE

62 MILLIONEN LICHTJAHRE

Sonne

Während die Sonne und das Sonnensystem das galaktische Zentrum umkreisen, hüpfen wir auf und ab wie ein Karussellpferd. Alle 62 Millionen Jahre treten wir in den nördlichen Teil der Galaxisscheibe ein, in ein Areal, in dem wir einer stärkeren kosmischen Strahlung ausgesetzt sind. Die energiereichen Teilchen bombardieren uns aus dem Weltraum und haben vielleicht einst manche Tierart ausgerottet.

Satelliten-Zwerggalaxien alte Sterne, von denen sich die meisten vor 10 Milliarden Jahren oder früher gebildet haben.

Daneben gibt es noch andere seltsame Zwerggalaxien, die die Milchstraße umrunden und von Astronomen mit modernen wissenschaftlichen Methoden studiert werden. Die Zwerggalaxie Ursa Minor etwa wurde von Astronomen entdeckt, die 1955 im kalifornischen Palomar-Observatorium eine systematische Himmelsdurchmusterung durchführten. Sie ist etwa 200.000 Lichtjahre entfernt und hat ihre aktive Sternentstehung anscheinend vor langer Zeit beendet, was für diese Systeme typisch ist.

Die Draco-Zwerggalaxie tauchte ebenfalls während der Himmelsdurchmusterung des Palomar-Observatoriums auf. Sie ist rund 260.000 Lichtjahre entfernt, hat einen Durchmesser von rund 2.500 Lichtjahren und enthält große Mengen dunkler Materie.

Die Sculptor-Zwerggalaxie wurde von Harlow Shapley auf Platten entdeckt, die der Astronom 1937 aufnahm. Sie ist eine etwa 290.000 Lichtjahre entfernt elliptische Sternwolke.

Die Sextant-Zwerggalaxie entging den Astronomen bis 1990, als sie diese in rund 300.000 Lichtjahren Entfernung dann doch noch entdeckten. Diese Sternwolke hat einen Durchmesser von etwa 8.400 Lichtjahren.

DIE LOKALE GRUPPE

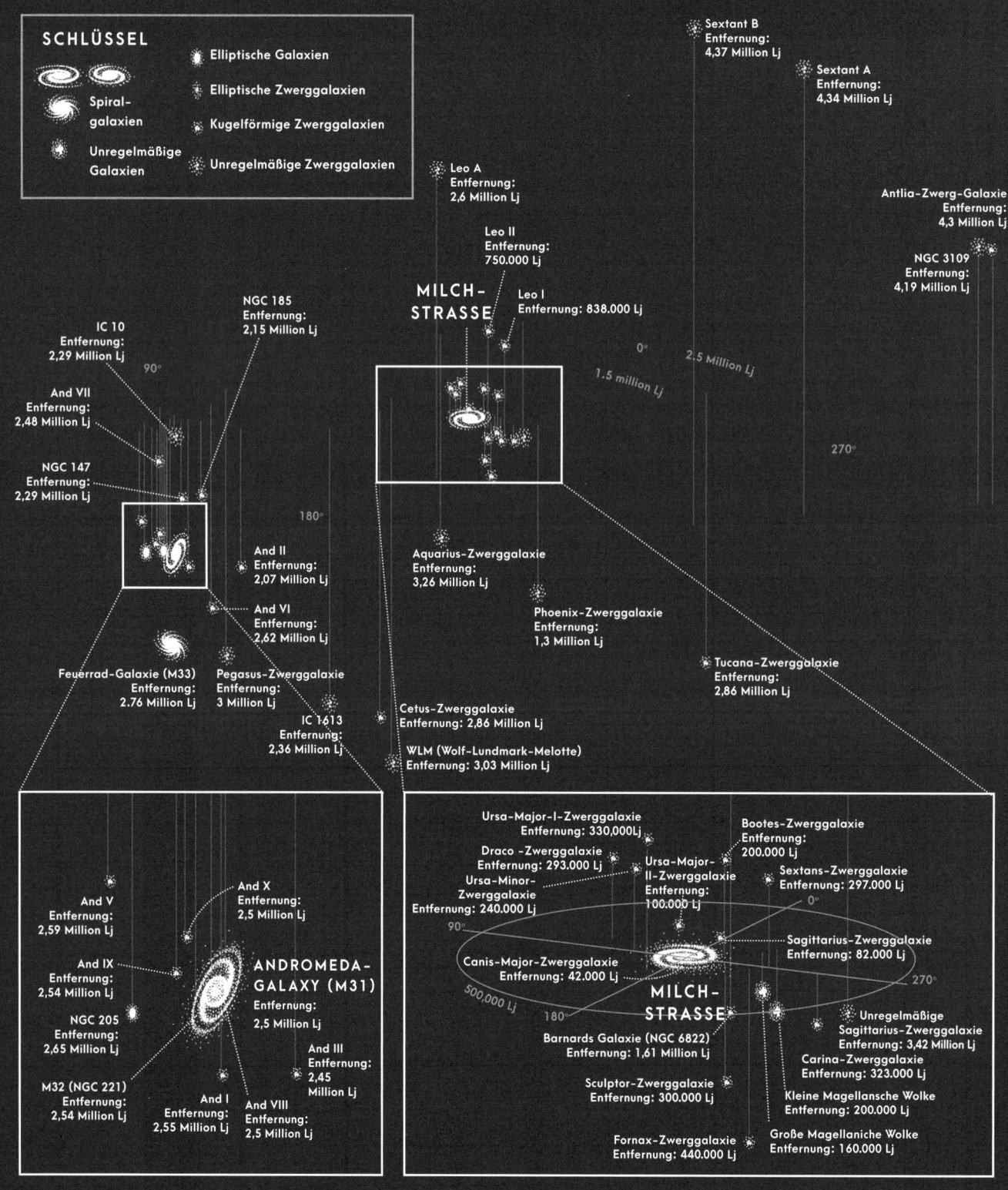

SCHLÜSSEL

Spiral-galaxien

Unregelmäßige Galaxien

Elliptische Galaxien

Elliptische Zwerggalaxien

Kugelförmige Zwerggalaxien

Unregelmäßige Zwerggalaxien

Sextant B
Entfernung:
4,37 Million Lj

Sextant A
Entfernung:
4,34 Million Lj

Antlia-Zwerg-Galaxie
Entfernung:
4,3 Million Lj

NGC 3109
Entfernung:
4,19 Million Lj

Leo A
Entfernung:
2,6 Million Lj

Leo II
Entfernung:
750.000 Lj

MILCH-STRASSE

Leo I
Entfernung: 838.000 Lj

IC 10
Entfernung:
2,29 Million Lj

NGC 185
Entfernung:
2,15 Million Lj

And VII
Entfernung:
2,48 Million Lj

NGC 147
Entfernung:
2,29 Million Lj

90°

180°

0°

1.5 million Lj

2.5 Million Lj

270°

And II
Entfernung:
2,07 Million Lj

And VI
Entfernung:
2,62 Million Lj

Aquarius-Zwerggalaxie
Entfernung:
3,26 Million Lj

Phoenix-Zwerggalaxie
Entfernung:
1,3 Million Lj

Feuerrad-Galaxie (M33)
Entfernung:
2.76 Million Lj

Pegasus-Zwerggalaxie
Entfernung:
3 Million Lj

IC 1613
Entfernung:
2,36 Million Lj

Cetus-Zwerggalaxie
Entfernung: 2,86 Million Lj

WLM (Wolf-Lundmark-Melotte)
Entfernung: 3,03 Million Lj

Tucana-Zwerggalaxie
Entfernung:
2,86 Million Lj

And V
Entfernung:
2,59 Million Lj

And X
Entfernung:
2,5 Million Lj

And IX
Entfernung:
2,54 Million Lj

ANDROMEDA-GALAXY (M31)
Entfernung:
2,5 Million Lj

NGC 205
Entfernung:
2,65 Million Lj

M32 (NGC 221)
Entfernung:
2,54 Million Lj

And I
Entfernung:
2,55 Million Lj

And VIII
Entfernung:
2,5 Million Lj

And III
Entfernung:
2,45
Million Lj

Ursa-Major-I-Zwerggalaxie
Entfernung: 330,000Lj

Draco -Zwerggalaxie
Entfernung: 293.000 Lj

Ursa-Minor-Zwerggalaxie
Entfernung: 240.000 Lj

Ursa-Major-II-Zwerggalaxie
Entfernung:
100.000 Lj

Bootes-Zwerggalaxie
Entfernung:
200.000 Lj

Sextans-Zwerggalaxie
Entfernung: 297.000 Lj

Sagittarius-Zwerggalaxie
Entfernung: 82.000 Lj

Canis-Major-Zwerggalaxie
Entfernung: 42.000 Lj

90°

0°

270°

500,000 Lj

180°

MILCH-STRASSE

Barnards Galaxie (NGC 6822)
Entfernung: 1,61 Million Lj

Sculptor-Zwerggalaxie
Entfernung: 300.000 Lj

Fornax-Zwerggalaxie
Entfernung: 440.000 Lj

Unregelmäßige
Sagittarius-Zwerggalaxie
Entfernung: 3,42 Million Lj

Carina-Zwerggalaxie
Entfernung: 323.000 Lj

Kleine Magellansche Wolke
Entfernung: 200.000 Lj

Große Magellaniche Wolke
Entfernung: 160.000 Lj

Der galaktische Zoo der Michstraßenbegleiter geht noch weiter. Im Jahr 1977 fanden Astronomen die Carina-Zwerggalaxie, eine kleine Begleitgalaxie, die etwa 330.000 Lichtjahre entfernt ist. Ihr Durchmesser zählt nur etwa ein Fünfundsiebzigstel von dem der Milchstraße, und sie besteht aus einer Sternwolke, die von der Gravitation der Milchstraße stark verformt wurde.

Die Zwerggalaxie Ursa Major I ist ebenfalls rund 330.000 Lichtjahre entfernt, hat einen Durchmesser von wenigen tausend Lichtjahren und wurde erst 2005 entdeckt.

Harlow Shapley entdeckte auch die 460.000 Lichtjahre entfernte Fornax-Zwerggalaxie, eine weitere elliptische Sternwolke. Sie ist bemerkenswert, weil sie eine Gruppe von sechs kugelförmigen Sternhaufen besitzt. Der hellste dieser Haufen, NGC 1049, ist mit einfachen Teleskopen zu sehen und war lange vor der Fornax-Zwerggalaxie selbst bekannt.

Zwei weiter entfernte Satelliten der Milchstraße liegen im Sternbild Löwe. Leo II ist eine kugelförmige Zwerggalaxie, die rund 690.000 Lichtjahre entfernt ist. Man entdeckte sie 1950 auf den Platten der Palomar-Himmelsdurchmusterung. Ihre Masse entspricht vermutlich etwa 2,7 Milliarden Sonnenmassen, und sie hat einen Durchmesser von 1.500 Lichtjahren.

Leo I ist ein seltsames Mitglied der Lokalen Gruppe, weil diese kugelförmige Zwerggalaxie von Regulus, dem hellsten Stern des Nordhimmels, der auch einer seiner auffälligsten Sterne ist, nicht weit entfernt liegt. Deshalb ist Leos Position leicht zu finden, aber die Galaxie ist so lichtschwach, dass man ein großes Teleskop braucht, um sie zu beobachten. Leo I ist 820.000 Lichtjahre entfernt, wurde ebenfalls 1950 während der Palomar-Durchmusterung entdeckt und enthält etwa 20 Millionen Sonnenmassen Materie.

Diese Zwerggalaxien bilden den Großteil der Satelliten, die unsere Milchstraße umkreisen. Insgesamt sind es rund 24 Galaxien. Einige, darunter Maffei 1 und 2, hielt man jahrelang für Mitglieder der Lokalen Gruppe; doch heute glauben die Astronomen, dass sie etwas außerhalb des gravitativen Zugriffs unserer galaktischen Nachbarschaft liegen.

Gegenüber **DIE KARTIERUNG DER LOKALEN GALAXIENGRUPPE**
1936 hatte der amerikanische Astronom Edwin Hubble die Idee, dass unsere Milchstraße Teil einer kleinen Gruppe von Galaxien sei, die er Lokale Gruppe nannte. Als sichere Mitglieder nannte er die Milchstraße, die Große und die Kleine Magellansche Wolke, die Andromeda-Galaxie (M31), M32, die Dreiecksgalaxie (M33), NGC 147, NGC 185, NGC 205, NGC 6822 und IC 1613 sowie IC 10 als mögliches Mitglied. Diese Zahl ist inzwischen auf 54 angestiegen, davon sind 33 Satelliten von M31 und 14 Satelliten der Milchstraße.

DIE ANDROMEDA-GALAXIE

Andromeda ist die große Galaxie in unserer Nachbarschaft. Sie ist ein ausgedehntes Objekt, auf das Hubble sich konzentrierte, und enthält vielleicht eine Billion Sterne, fast zweimal so viele wie die Milchstraße. Ihre helle Scheibe hat einen Durchmesser von 220.000 Lichtjahren und damit ebenfalls etwa doppelt so viel wie die Milchstraße. (Neuere Forschungen lassen darauf schließen, dass die Scheibe der Milchstraße einen Durchmesser von mehr als 100.000 Lichtjahren hat; aber das muss noch bestätigt werden.) Die Andromeda-Galaxie ist so groß, dass wir sie in einer Entfernung von 2,5 Millionen Lichtjahren ohne Fernrohr oder Teleskop als verschwommenen Lichtfleck am Nachthimmel sehen können. Sie enthält erstaunliche 1,5 Billionen Sonnenmassen. In Charles Messiers berühmtem Katalog der Deep-Sky-Objekte trägt sie die Nummer 31.

> **Die Andromeda-Galaxie bildete sich vor rund 10 Milliarden Jahren.**

Die Andromeda-Galaxie bildete sich vor rund 10 Milliarden Jahren durch eine Kollision mit zahlreichen kleineren Galaxien. Während die Sternentstehungsrate in dieser Frühzeit hoch war, ist sie vor Kurzem stark gesunken. Vor mehreren Milliarden Jahren zogen die Andromeda- und die Dreiecksgalaxie relativ nah aneinander vorbei, und diese Passage fachte die Sternbildung eine Zeit lang erneut an und verformte die Scheibe der Dreiecksgalaxie.

Wie die Milchstraße besitzt die Andromeda-Galaxie einen großen Halo aus heißem Gas und einen noch größeren aus dunkler Materie. Sie hat mehr alte Sterne als die Milchstraße, und ihre absolute Helligkeit ist etwas größer. Die derzeitige Sternentstehungsrate beträgt nur etwa ein Drittel derjenigen unserer Milchstraße – Andromeda bildet nur das Äquivalent einer Sonnenmasse an neuen Sternen pro Jahr. Die Galaxie rotiert dort, wo sie am weitesten (rund 33.000 Lichtjahre) von ihrem Zentrum entfernt ist, mit 250 Kilometern pro Sekunde und enthält im Kern ein supermassereiches schwarzes Loch mit etwa 100 Millionen Sonnenmassen.

DIE SATELLITEN DER ANDROMEDA-GALAXIE

Die Milchstraße ist nicht die einzige Galaxie der Lokalen Gruppe, die eine Wolke von Satelliten besitzt. Die Gravitation der Andromeda-Galaxie hat mindestens 19 Zwerggalaxien eingefangen. Diese wollen wir uns genauer anschauen, von der nahesten bis zur fernsten.

Die naheste dieser Satellitengalaxien ist NGC 185, die der deutsch-englische Astronom Wilhelm Herschel 1787 entdeckte. Sie ist 2 Millionen Lichtjahre entfernt und enthält ebenfalls alte Sterne, was für kugelförmige Zwerggalaxien typisch ist. Astronomen haben festgestellt, dass sich im Zentrum von NGC 185 in der letzten Milliarde von Jahren kaum neue Sterne gebildet haben.

Als Nächste in der Reihe kommen drei sehr kleine Zwerggalaxien: Andromeda II, 1970 entdeckt und 2,2 Millionen Lichtjahre entfernt; Andromeda I (1970, 2,4 Millionen Lichtjahre) und Andromeda III (1970, 2,4 Millionen Lichtjahre).

Die nächste Galaxie ist selbst mit einem einfachen Teleskop zusammen mit der Andromeda-Galaxie zu sehen. Sie heißt M82 und ist eine elliptische Zwerggalaxie, die wie ein rundlicher Bovist aus Licht aussieht. Sie ist so hell, dass der französische Astronom Guillaume Le Gentil sie schon 1749 entdeckte. M82 ist etwa so weit entfernt wie Andromeda, nämlich 2,5 Millionen Lichtjahre, aber sie schwebt an der nahen Seite der großen Galaxie. Ihr Durchmesser beträgt rund 6.500 Lichtjahre, und sie enthält meist alte gelbe und rote Sterne. Wenn Sie sich Bilder der Andromeda-Galaxie genau ansehen, erkennen Sie eine leichte Krümmung in der Scheibe der großen Galaxie. Astronomen glauben, die Ursache dafür sei ein Zusammenprall mit M82 abseits des Zentrums vor etwa 800 Millionen Jahren. M32 hat ein zentrales schwarzes Loch mit etwa der gleichen Masse wie das in unserer Milchstraße.

Etwas weiter entfernt ist die Zwerggalaxie NGC 147, die der englische Astronom John Herschel 1829 entdeckte. Sie ist 2,5 Millionen Lichtjahre entfernt. Diese runde Zwerggalaxie enthält hauptsächlich alte Sterne da deren Sternbildung vor ungefähr 3 Milliarden Jahren endete.

Die Nächsten in der Reihe sind extrem schwache Zwerggalaxien, die vor Kurzem entdeckt wurden: Andromeda V, 1998 entdeckt und 2,5 Millionen Lichtjahre entfernt; Andromeda IX (2004, 2,5 Millionen Lichtjahre); Andromeda VII (1998, 2,6 Millionen Lichtjahre) und Andromeda XI (2006, 2,6 Millionen Lichtjahre).

Mit 2,7 Millionen Lichtjahren etwas weiter entfernt ist die andere Zwerggalaxie, die Sie wie M31 mit Ihrem Teleskop sehen können. Verglichen mit M32 ist NGC 205 (manchmal M110 genannt) etwas blasser und länglicher und vom Zentrum der großen Spirale etwas weiter entfernt. Der große französische Kometenjäger Charles Messier beobachtete NGC 205 im Jahr 1773. Er stellte seinen berühmten Katalog der verschwommenen Nebel zusammen, um ihnen auszuweichen, wenn er Kometen jagte, denn Kometen und Nebel sehen im Teleskop ähnlich aus. Obwohl er NGC 205 beobachtete, nahm er sie nie in seine Liste auf. Deshalb hat sie keine offizielle Messier-Nummer, obwohl spätere Historiker sie bisweilen als M110 in seine Liste einfügten. Die deutsche Astronomin Caroline Herschel entdeckte diese Galaxie unabhängig von Messier im Jahr 1783. NGC 205 ist rund 2,7 Millionen Lichtjahre entfernt, sie befindet sich also aus unserem Blickwinkel gesehen hinter der Andromeda-Galaxie. Sie ist ungewöhnlich, weil sie ziemlich viel Staub enthält und sich in ihr anscheinend noch in jüngerer Zeit Sterne gebildet haben.

KURZINFO

M32, der hellste Satellit der Andromeda, besitzt fast kein kühles Gas und keine Sterne, die jünger als ein paar Milliarden Jahre sind. Vielleicht ist M32 der Rest einer einst viel größeren Galaxie.

Auch die nächsten Galaxien sind äußerst lichtschwache Zwerggalaxien, die in neuerer Zeit entdeckt wurden: Andromeda VI (entdeckt 1999, 2,7 Millionen Lichtjahre entfernt); Andromeda VIII (2005, 2,9 Millionen Lichtjahre); Andromeda XXI (2009, 2,8 Millionen Lichtjahre); Andromeda X (2005, 2,9 Millionen Lichtjahre) und Andromeda XXII (2019, 3 Millionen Lichtjahre).

Außerdem besitzt die Andromeda-Galaxie mehrere Satelliten in unbekannten oder kaum bekannten Entfernungen: die kugelförmige Pegasus-Zwerggalaxie, die Kassiopeia-Zwerggalaxie, Andromeda XIX (alle 2009 entdeckt) und mehrere extrem lichtschwache Zwerge, die noch gründlich studiert werden müssen.

> **Messier stellte seinen berühmten Katalog der verschwommenen Nebel zusammen, um ihnen auszuweichen, wenn er Kometen jagte.**

DIE DREIECKSGALAXIE

Die dritte große Galaxie in der Lokalen Gruppe, die Dreiecksgalaxie M33, wird manchmal als lichtschwächste Galaxie bezeichnet, die wir mit bloßem Auge an einem dunklen Himmel entdecken können. (Erfahrene Beobachter berichten jedoch, sie könnten an einem völlig dunklen Ort sogar die noch schwächere M81 sehen.) Diese Galaxie hat eine etwas geringere Neigung als Andromeda, sodass es ein wenig leichter ist, ihre inneren Charakteristika zu erkennen. Die Galaxie enthält einige rosafarbene Regionen, in denen neue Sterne entstehen. Die größte und hellste von ihnen, NGC 604, können Sie mit einem einfachen Teleskop sehen.

M33 hat einen Durchmesser von etwa 60.000 Lichtjahren und besteht aus rund 40 Milliarden Sternen, etwa ein Zehntel der Sterne unserer Milchstraße. Sie ist ungefähr 2,7 Millionen Lichtjahre entfernt, etwas weiter als Andromeda, und bringt deutlich mehr neue Sterne hervor als Letztere. M33 enthält ein schwarzes Loch, das die 15,7-fache Masse der Sonne hat. Dass sie kein supermassereiches schwarzes Loch besitzt, ist ungewöhnlich. Die meisten Galaxien, die größer als Zwerggalaxien sind, beherbergen ein solches schwarzes Loch; deshalb wird M33 oft als bemerkenswerte Ausnahme von der Regel herangezogen.

Die Dreiecksgalaxie ist die kleinste Spiralgalaxie in der Lokalen Gruppe, und es ist gut möglich, dass sie Andromeda umkreist. Sie enthält eine moderate Anzahl von

> **KURZINFO**
> **Die Dreiecksgalaxie ist eine ungewöhnlich große Spirale, weil ihr das zentrale supermassereiche schwarze Loch fehlt, das fast alle anderen Galaxien besitzen.**

DIE ANDROMEDA-GALAXIE

DIE DREIECKSGALAXIE

Die Dreiecksgalaxie wird manchmal als lichtschwächste Galaxie bezeichnet, die wir mit bloßem Auge sehen können.

Kugelsternhaufen: 54 im Vergleich zu den rund 150 der Milchstraße.

Noch debattieren die Astronomen darüber, ob M33 eine Begleiterin der Andromeda-Galaxie ist. Die unregelmäßige Pisces-Zwerggalaxie, die 2,5 Millionen Lichtjahre entfernt ist, könnte wiederum ein Satellit der Dreiecksgalaxie sein. Diese seltsame Galaxie, die 1976 entdeckt wurde, nähert sich der Milchstraße mit 290 Kilometern pro Sekunde. Wie es für solche Galaxien typisch ist, enthält sie alte Sterne, und es gibt kaum Anzeichen für die Geburt neuer Sterne, jedenfalls nicht in den letzten 100 Millionen Jahren.

ANDERE GALAXIEN DER LOKALEN GRUPPE

Die restlichen Galaxien in der Lokalen Gruppe werden von der Gravitation dort festgehalten; sie sind jedoch nicht an die drei Untergruppen – Andromeda, Dreiecksgalaxie und Milchstraße – gebunden. Sie haben eine faszinierende Landschaft von Objekten zu bieten, die den Amateurastronomen wohlbekannt sind und von denen viele mit dem Teleskop beobachtet werden können. Diese wollen wir nun untersuchen und mit dem nächsten Objekt beginnen.

Die unregelmäßige Phoenix-Zwerggalaxie wurde 1976 entdeckt und ist 1,4 Millionen Lichtjahre entfernt. Zunächst hielt man sie für einen schlichten Kugelsternhaufen, da sie ein kleines Objekt ist.

Barnards Galaxie, NGC 6822, wurde 1884 von dem amerikanischen Astronomen E. E. Barnard entdeckt und ist eine der wenigen Galaxien, die im Sternbild Schütze sichtbar sind. Sie ist rund 1,6 Millionen Lichtjahre entfernt und gilt als unregelmäßige Balkengalaxie. In ihrer Struktur ähnelt sie der Kleinen Magellanschen Wolke.

IC 10 ist eine unregelmäßige Galaxie in der Kassiopeia und 2,2 Millionen Lichtjahre entfernt. Der amerikanische Astronom Lewis Swift entdeckte dieses sonderbare Objekt, das sich vor Kurzem als »Starburst-Galaxie« herausstellte, im Jahr 1887. Starburst bedeutet, dass dort neue Sterne entstehen, was für eine kleine, unregelmäßige Galaxie ungewöhnlich ist.

KURZINFO
Die Lokale Gruppe enthält mindestens 54 Galaxien, wahrscheinlich bis zu 100, weil Zwerggalaxien schwer auszumachen sind. Mit der Zeit werden wir vielleicht viele weitere Galaxien entdecken.

Die bizarre, unregelmäßige Galaxie IC 1613 befindet sich im Sternbild Walfisch und ist 2,4 Millionen Lichtjahre entfernt. Entdeckt hat sie der deutsche Astronom Max Wolf 1906. IC 1613 ist eine seltsame, fleckige Galaxie, die hauptsächlich aus alten Sternen besteht; doch wie die Magellanschen Wolken hat sie auch große rosafarbene Regionen, in denen neue Sterne entstehen.

KURZINFO
Die Lokale Gruppe, zu der auch unsere Galaxis gehört, besteht aus Galaxien, die von der Gravitation zusammengehalten werden.

Die kugelförmige Walfisch-Galaxie wurde 1999 entdeckt und ist 2,5 Millionen Lichtjahre entfernt. Sie enthält alte rote Riesensterne.

Eine ähnlich kleine und unregelmäßige Galaxie, Leo A, ist 2,6 Millionen Lichtjahre entfernt und wurde 1942 von dem schweizerisch-amerikanischen Astronomen Fritz Zwicky entdeckt. Sie hat rund 80 Millionen Sonnenmassen und bringt anscheinend seit langer Zeit keine neuen Sterne mehr hervor.

Die unregelmäßige Galaxie Wolf-Lundmark-Melotte wurde 1909 von Max Wolf entdeckt, und die Astronomen Knut Lundmark und Philibert Melotte erkannten sie 1926 als Galaxie. Sie ist 3 Millionen Lichtjahre entfernt und hat die Zeit der Sternbildung längst hinter sich gelassen.

Die unregelmäßige Wassermann-Zwerggalaxie entdeckten Astronomen im Jahr 1959. Sie ist 3,2 Millionen Lichtjahre entfernt.

Die kugelförmige Tukan-Zwerggalaxie, die 1990 entdeckt wurde, enthält alte Sterne und ist ebenfalls 3,2 Millionen Lichtjahre entfernt.

Die unregelmäßige Sagittarius-Zwerggalaxie (nicht zu verwechseln mit der elliptischen Sagittarius-Zwerggalaxie, einem Satelliten der Milchstraße) ist etwa 3,4 Millionen Lichtjahre entfernt und wurde 1977 entdeckt.

Einst hielt man die Lokale Gruppe für eine kleine Wolke mit wenigen Galaxien; heute wissen wir, dass sie Dutzende von Galaxien enthält, von denen die meisten unregelmäßige oder kugelförmige Zwerggalaxien sind. Die »großen Drei« – Andromeda, Milchstraße und Dreiecksgalaxie – sind für die Astronomen ein riesiges Labor, in dem sie Galaxien von innen und von außen studieren können. Die vielen kleinen Galaxien der Lokalen Gruppe sind aber mindestens ebenso wichtig. Sie sind uns so nahe, dass Astronomen hochauflösende Aufnahmen von ihnen machen können, sowohl mit Weltraumteleskopen

KURZINFO
Es ist ungewiss, ob einige Galaxien, zum Beispiel NGC 3109, und die Zwerggalaxien in den Sternbildern Sextant und Luftpumpe zur Lokalen Gruppe gehören, da sie sich am äußersten Rand der Gruppe befinden.

wie Hubble als auch mit großen Teleskopen auf der Erde. Sie zeigen das Verhalten der Sterne und anderer Objekte, die in größerer Entfernung, außerhalb der Lokalen Gruppe, zu lichtschwach wären, um sie zu erforschen. Einen erheblichen Teil unseres Wissens über die Sterne verdanken wir zum Beispiel dem Studium der Magellanschen Wolken. Andere ungewöhnliche Galaxien in der Lokalen Gruppe, etwa Barnards Galaxie im Schützen, sind Labore, in denen wir die Entwicklung von Galaxien studieren können.

Manche Astronomen vergleichen Galaxien mit Gebäuden in Städten. Immerhin sagen uns die großen Wolkenkratzer, die riesigen Bürogebäude, eine Menge über das Leben in der Stadt. Aber die Zwerge, die gewöhnlichen kleinen Häuser, die da und dort stehen, sind ebenfalls ein wichtiger Teil des Gesamtbilds. Sie sind für Astronomen die Grundlage für das Verständnis der Galaxien als Systeme und unerlässlich, um noch weiter in den Kosmos vorzudringen.

IM INNEREN DER LOKALEN GRUPPE: WIE SCHWARZE LÖCHER GALAXIEN MIT ENERGIE VERSORGEN

In den 1960er-Jahren hatten die Astronomen größere Probleme, als das Ausmaß des Universums zu bestimmen. Im Jahr 1963 machte der Astronom Maarten Schmidt im Caltech eine sehr seltsame Beobachtung. Er studierte ein Objekt mit der Bezeichnung 3C 273, das in den 1950er-Jahren mit einem Radioteleskop entdeckt worden war. Es war »laut«, was Radiowellen betraf, aber auf Fotoplatten war es nur ein blasser Fleck.

Mit sehr sorgfältigen Messungen konnte Schmidt ein Spektrum des Objekts aufzeichnen und anhand der Rotverschiebung seine Entfernung bestimmen. Zu seinem Erstaunen stellte er fest, dass das Objekt 2,4 Milliarden Lichtjahre entfernt war. Da es wie ein unscharfer Stern aussah, nannte er es quasistellares Objekt, kurz »Quasar«. Später wurden viele weitere ähnliche Objekte entdeckt, darunter 3C 321, Markarian 509 und A2261-BCG.

Quasare waren den Astronomen ein großes Rätsel. Trotz seiner großen Entfernung pustete Quasar 3C 273 eine Menge Energie ins All. Zudem änderte er innerhalb kurzer Zeit seine Helligkeit. Wie konnte ein derart fernes Objekt so viel Energie abgeben?

ANDERE HOCHENERGETISCHE GALAXIEN

Im Laufe des folgenden Jahrzehnts entdeckten die Astronomen weitere energiereiche ferne Objekte, die Radiowellen, Gammastrahlen und UV-Licht in riesigen Mengen emittierten. Neben Quasaren wie 3C 273 gab es noch Seyfert-Galaxien (benannt nach Carl Seyfert, dem amerikanischen Astronomen, der sie identifizierte), die energieärmere Versionen der Quasare zu sein schienen. Und es gab BL-Lacertae-Objekte, benannt nach dem ersten entdeckten Beispiel, das man anfangs für einen veränderlichen Stern im Sternbild Eidechse (lateinisch Lacerta) hielt. BL-Lacertae-Objekte erhielten den Spitznamen Blazare, weil sie ihre Helligkeit in noch kürzerer Zeit als Quasare erheblich veränderten. Die Astronomen entdeckten immer mehr rätselhafte energiereiche Objekte, darunter Herkules A, Markarian 231 und Cygnus A. Sie vermuteten, dass all diese Objekte extrem weit entfernte, hochenergetische Galaxien waren; doch niemand wusste es genau. Und langsam kroch ein noch größeres Rätsel ins Bild.

DER URSPRUNG
DER SCHWARZEN LÖCHER

Im Jahr 1783 stellte der englische Naturphilosoph John Michell die Hypothese auf, dass es »dunkle Sterne« gebe, deren Gravitation so stark sei, dass ihnen nichts, nicht einmal das Licht, entkommen könne. Seine Idee blieb fast 200 Jahre lang unbeachtet, weil es keine Möglichkeit gab, diese »schwarzen Löcher«, wie sie später genannt wurden, aufzuspüren. Allerdings sagten auch Albert Einsteins Theorien Anfang des 20. Jahrhunderts ihre Existenz voraus. Im Jahr 1939 erklärte Einstein in einem Artikel, diese Objekte müsse es geben, und wunderte sich darüber, dass man sie noch nicht entdeckt hatte. In den 1970er-Jahren begannen die Astronomen endlich, Indizien für die Existenz der schwarzen Löcher zu sammeln, und auch die Entdeckung von Objekten wie 3C 273 und der Circinus-Galaxie brachte neue Erkenntnisse.

Gestützt auf theoretische Berechnungen, hatten die Astronomen lange geglaubt, schwarze Löcher in der Größe der Sonne entstünden am häufigsten nach dem Tod eines massereichen Sterns, der unter dem Zwang der Gravitation kollabiert, weil er den Prozess der Kernverschmelzung nicht mehr aufrechterhalten kann. Sie sagten voraus, dass jeder Stern, der mehr als fünfmal so viel Masse besitzt wie unsere Sonne, als schwarzes Loch endet. In den 1970er-Jahren gab es mehrere potenzielle schwarze Löcher unter den kollabierten Sternen. Am häufigsten genannt

wurde Cygnus X-1, ein Doppelstern, der 6.000 Lichtjahre entfernt ist und zuerst als starke Röntgenquelle erkannt wurde. Bald folgten ihm Galaxien wie M77, M82 und NGC 4725.

DIE BERÜHMTE SCHWARZE-LOCH-WETTE

Im Jahr 1975 schlossen die Astrophysiker Kip Thorne von der Caltech und sein Freund Stephen Hawking von der Cambridge University eine berühmte Wette ab. Es ging darum, ob sich Cygnus X-1 als schwarzes Loch herausstellen würde. Im Jahr 1990 waren sich fast alle Astronomen darüber einig, dass die einzige Erklärung für die extrem hohen Geschwindigkeiten, die in der Akkretionsscheibe von Cygnus X-1 zu beobachten sind, ein schwarzes Loch sei, die Folge eines kollabierten Sterns, in dessen Zentrum es jetzt ruht. Fünfzehn Jahre waren vergangen, und Thorne gewann die Wette – und ein Jahresabonnement des Magazins *Penthouse* (Hawking hatte um ein Jahresabonnement der *Popular Mechanics* gewettet).

Als die Astronomen sich an die ersten bestätigten schwarzen Löcher wie Cygnus X-1 gewöhnt hatten, entdeckten sie immer mehr hochenergetische Objekte wie 3C 273. In den 1990er-Jahren erkannten sie, dass die scheinbar vielen verschiedenen Objekte – Quasare, Seyfert-Galaxien und BL-Lacertae-Objekte – im Wesentlichen das Gleiche waren. Die scheinbaren Unterschiede waren hauptsächlich darauf zurückzuführen, dass man sie aus unterschiedlichen Blickwinkeln beobachtet hatte. Sie nannten diese Objekte aktive Galaxien oder aktive galaktische Kerne (AGK), weil die heftigen Energieschübe offenbar aus den Zentren der Galaxien stammten. Aber ein Rätsel blieb ungelöst: Was konnte die gewaltigen Strahlenmengen hervorbringen, die aus den Zentren dieser Galaxien schossen?

Im Jahr 1975 schlossen Kip Thorne und Stephen Hawking eine berühmte Wette ab. Es ging darum, ob sich Cygnus X-1 als schwarzes Loch herausstellen würde.

DAS BILD VON DEN SCHWARZEN LÖCHERN NIMMT GESTALT AN

Was die schwarzen Löcher anbelangte, hätte das Timing nicht besser sein können. Als die Astronomen immer mehr aktive Galaxien beobachteten, vermuteten sie, dass es auch schwarze Löcher anderer Art geben könne, nämlich solche im Zentrum von Galaxien. Das wären die gleichen Objekte wie Cygnus X-1, also Regionen, die unter dem Einfluss der Gravitation so vollständig kollabiert sind, dass das Licht und alles andere in der Raumzeit gefangen ist. Doch anstatt über die Masse von mindestens fünf Sternen wie der Sonne zu verfügen, müssten diese supermassereichen schwarzen Löcher die Masse von Millionen Sonnen haben. In vielen ungewöhnlichen, hochenergetischen Galaxien gab es Anzeichen für interne schwarze Löcher, zum Beispiel in NGC 2276. Auch andere, exotischere Objekte, etwa das Einsteinkreuz, zeugten davon, wie wichtig es war, Einsteins Relativitätstheorie zu verstehen.

Anfangs war es schwierig, Beweise für supermassereiche schwarze Löcher in den Zentren der Galaxien zu finden. Doch 1988 veröffentlichten zwei Gruppen von Astronomen Studien über die Andromeda-Galaxie. Unter der Leitung von John Kormendy von der University of Texas sowie Alan Dressler von der Carnegie Institution for Science und Douglas Richstone von der University of Michigan benutzten die beiden Teams erdbasierte Teleskope und beobachteten unglaublich schnell rotierende Gaswolken im Zentrum der Galaxie. Deren Geschwindigkeit war nur zu erklären, wenn das Zentrum Millionen Sonnenmassen enthielt, konzentriert in einer winzigen Raumregion, die etwa so groß wie unser Sonnensystem ist. Und wie die Astrophysiker wissen, kann eine solche Region nur unter dem Einfluss eines supermassereichen schwarzen Lochs entstehen. Galaxien wie 0313-192 trugen dazu bei, das zu beweisen.

SUPERMASSEREICHE SCHWARZE LÖCHER

Bald darauf identifizierten Astronomen zentrale supermassereiche schwarze Löcher mithilfe ähnlicher Beobachtungen in der Sombrero-Galaxie (M104) im Sternbild Jungfrau und in NGC 3115 im Sextanten. Dann entdeckten sie ein zentrales supermassereiches schwarzes Loch in der Galaxie M106 in den Jagdhunden und in unserer Milchstraße. Nachfolgende Beobachtungen mit dem Hubble-Weltraumteleskop überzeugten sie allmählich davon, dass zentrale supermassereiche schwarze Löcher häufig vorkommen. Und das stellte sich sogar noch als Untertreibung heraus.

Heute sind die Astronomen der Meinung, dass die meisten normalen Galaxien ein zentrales supermassereiches schwarzes Loch besitzen, mit Ausnahme von Zwerggalaxien, denen die notwendige Masse fehlt, um ein schwarzes Loch zu bilden. Neuere Studien lassen darauf schließen, dass das schwarze Loch unserer Milchstraße so viel »wiegt« wie 3,7 bis 4,3 Millionen Sonnen. Aber es gibt Ausnahmen: Wir haben keine Hinweise darauf, dass die Feuerrad-Spiralgalaxie (M33), ein ziemlich großes Mitglied unserer Lokalen Gruppe, ein zentrales schwarzes Loch besitzt. Bis heute weiß niemand, warum.

Als eine Flut von Beweisen für zentrale supermassereiche schwarze Löcher hereinströmte, wurde den Astronomen klar, dass die aktiven Galaxien, die sie seit den 1960er-Jahren beobachtet hatten, zum Beispiel 3C 273, junge Galaxien im sehr jungen Universum sind, die von zentralen supermassereichen schwarzen Löchern mit Energie versorgt werden. Das zentrale schwarze Loch emittiert selbst keine Energie; es verschluckt vielmehr alles, was es erwischt – deshalb ist es ja schwarz. Aber Gas, Staub und Sterne werden immer heißer, je stärker sich die Schlinge des schwarzen Lochs um sie herum zuzieht und je stärker es sie auf eine unglaubliche Geschwindigkeit beschleunigt. Während sie heißer werden, geben sie Strahlung in enormer Menge ab, die wir noch in sehr weiter Entfernung sehen können. Das ist in den Zentren von Galaxien wie M77 und M106 zu beobachten. Stellen Sie sich ein schwarzes Loch als Wasserwirbel in Ihrer

Stellen Sie sich ein schwarzes Loch als Wasserwirbel in Ihrer Badewanne vor, der sich fast mit Lichtgeschwindigkeit dreht.

Badewanne vor, der sich fast mit Lichtgeschwindigkeit dreht, ein Teil von ihm immer schneller, ohne ins Abflussloch zu stürzen. Aus manchen aktiven Galaxien schießen gewaltige Energiemengen ins All. Das Licht dieser aktiven Galaxien kann tausendmal heller sein als das Licht unserer gesamten Milchstraße.

ALS DIE GALAXIEN JUNG WAREN

Als die Milchstraße und andere Galaxien mit zentralen supermassereichen schwarzen Löchern jünger waren, verhielten sich ähnlich wie die aktiven Galaxien, die Energie ins All schießen, und sie könnten erneut hochaktiv werden, wenn Gas, Staub und Sterne sich in Zukunft auf ihre Zentren zubewegen. Das Schwarze Loch der Milchstraße erregte erst 2002 Aufmerksamkeit, als Astronomen Daten veröffentlichten, die rasche Bewegungen von Sternen und Gaswolken im Umkreis eines hellen, kompakten Objekts belegten, das sie Sagittarius A* (gesprochen »Sagittarius A-Stern«) tauften. Anstatt es als Stern zu identifizieren, stellten sie jedoch fest, dass sie die Wirkung des supermassereichen schwarzen Lochs im Zentrum der Galaxis beobachtet hatten, das die benachbarten Sterne und Gaswolken beschleunigte und aufheizte. Allerding ist Sagittarius A* längst nicht so hell wie das schwarze Loch einer aktiven Galaxie.

Im Jahr 2002 entdeckten Astronomen außerdem eine Gaswolke namens G2, die offenbar auf das schwarze Loch im Zentrum der Milchstraße zustürzte. Sie erwarteten, dass diese Gaswolke im Jahr 2014 absorbiert werden und unsere Galaxis für kurze Zeit Energieeruptionen aufweisen würde. Das geschah jedoch nicht, daher nimmt man an, dass G2 keine schlichte Gaswolke ist, sondern möglicherweise einen zentralen Stern enthält. Es könnte sich aber auch um eine dichte Region eines Materiestroms handeln, der größer ist als der Teil, den wir heute sehen.

Gegenüber DIE DREIECKSGALAXIE IST MIT
STERNENTSTEHUNGSGEBIETEN ÜBERSÄT
Die Dreiecksgalaxie M33 enthält riesige
rosafarbene H-II-Gebiete, in denen neue
Sterne entstehen. Dieses faszinierende
Bild zeigt die innersten 30.000 Lichtjahre
der Galaxie und einige der größten
Sterneschmieden im bekannten Kosmos. Die
intensive Strahlung der neugeborenen blau-
weißen Sterne ionisiert das Wasserstoffgas
und taucht es in rosafarbenes Licht.

Oben DIE ANDROMEDA-GALAXIE IN
INFRAROTEM LICHT
Ein Farbbild der Andromeda-Galaxie vereinigt
sichtbares Licht und Infrarotdaten des Spitzer-
Weltraumteleskops. Das Infrarotlicht, das
hier rot und grün erscheint, enthüllt klumpige
Staubbänder, erwärmt von jungen Sternen, die
sich eng um den Kern der Galaxie winden. Die
Begleitgalaxien M32 (oben Mitte) und NGC
205 (unten Mitte) sind ebenfalls zu sehen.

Oben LEO I: EINE ZWERGGALAXIE NEBEN DEM
HELLEN STERN REGULUS

Die Zwerggalaxie Leo I gehört zur Lokalen
Gruppe und ist am Himmel leicht zu finden,
weil neben ihr Regulus, Leos hellster
Stern, schwebt. Sie ist jedoch blass. Diese
Zwerggalaxie ist 820.000 Lichtjahre entfernt
und einer der am weitesten entfernten
Satelliten der Milchstraße.

Gegenüber DER KERN DER ANDROMEDA-
GALAXIE

Unser größter galaktischer Nachbar,
die Andromeda-Galaxie, ist rund
2,5 Millionen Lichtjahre entfernt und hat
einen hellen Kern. Tief im Kern liegt ein
supermassereiches schwarzes Loch mit
der Masse von 100 Millionen Sonnen.

EIN BLICK AUS DER NÄHE AUF DIE ARME DER
ANDROMEDA-GALAXIE
Diese spektakuläre Aufnahme des Hubble-
Weltraumteleskops zeigt ein Stück der
Spiralarme der Galaxie mit einer riesigen
Sternwolke, einem Sternentstehungsgebiet
knapp oberhalb des Zentrums. Sie ist so hell,
dass sie ihre eigene Bezeichnung, NGC 206,
erhalten hat. Die Wolke hat einen Durchmesser
von erstaunlichen 4.000 Lichtjahren.

Oben DIE ANDROMEDA-BEGLEITERIN M32 MIT
HEISSEN BLAUEN STERNEN
Die elliptische Galaxie M32, einer der
Satelliten der Andromeda-Galaxie, besitzt
zahlreiche heiße blaue Sterne, wie diese
Aufnahme des Hubble-Weltraumteleskops
zeigt. Das Bild enthüllt auch ein strahlendes
UV-Licht, das von heißen, Helium
verbrennenden Sternen in ihren späten
Lebensjahren stammt.

Gegenüber BARNARDS GALAXIE: EINE
UNREGELMÄSSIGE BALKENGALAXIE
Die unregelmäßige Balkengalaxie NGC
6822, »Barnards Galaxie« genannt,
liegt 1,6 Millionen Lichtjahre entfernt
im Schützen. Ihr Entdecker war Edward
E. Barnard im Jahr 1884. Sie ist ein
beliebtes, aber herausforderndes Ziel für
Hobbygalaxienjäger.

IC 10: EINE UNREGELMÄSSIGE GALAXIE IN DER LOKALEN GRUPPE

IC 10 liegt 2,2 Millionen Lichtjahre entfernt im Sternbild Kassiopeia. Entdeckt hat sie der Astronom Lewis Swift 1887. 1935 wurde sie als Galaxie erkannt. Sie ist die einzige Starburst-Galaxie in der Lokalen Gruppe.

Oben links WLM: EINE SELTSAME UNREGELMÄSSIGE GALAXIE IN DER LOKALEN GRUPPE

Die bizarre, unregelmäßige Galaxie WLM (kurz für Wolf-Lundmark-Melotte) liegt 3 Millionen Lichtjahre entfernt im Sternbild Walfisch. Max Wolf entdeckte sie 1909, und die Astronomen Knut Landmark und Philibert Melotte identifizierten sie 1926 als Galaxie.

Unten links EIN BERÜHMTES, ABER UMSTRITTENES PAAR

In den 1970er-Jahren behaupteten der Astronom Halton C. Arp und seine Kollegen, sie hätten eine Lichtbrücke zwischen der Galaxie NGC 4319 und dem winzigen Quasar Markarian 205 (oben rechts) fotografiert. Das hätte die Grundlagen der kosmischen Entfernungsmessung erschüttert, denn die Rotverschiebungen zeigten, dass die beiden weit auseinanderlagen. Arp irrte sich und schadete seinem Ruf. NGC 4319 liegt 77 Millionen Lichtjahre entfernt im Drachen, Markarian 205 ist mit rund 1,1 Milliarden Lichtjahren viel weiter entfernt.

Oben rechts MARKARIAN 509: DIE GEHEIMISSE EINES TURBULENTEN SCHWARZEN LOCHS

Die ferne Galaxie Markarian 509 liegt in einer Entfernung von 500 Millionen Lichtjahren im Sternbild Wassermann. Astronomen entdeckten eine heiße Korona aus Gas um die innere Region der Galaxie herum, aber auch kalte gasförmige »Geschosse«, die mit 1,6 Millionen Kilometern in der Stunde hinausfliegen. Dieser explosive Kern ist offenbar das Werk des inneren schwarzen Lochs, das mit einem gewaltigen Motor vergleichbar ist.

Unten rechts CYGNUS A: EINE RADIOGALAXIE MIT SPEKTAKULÄREN GELAPPTEN JETS

Cygnus A ist eine rund 600 Millionen Lichtjahre entfernte Radiogalaxie. Diese Mehrwellenlängen-Aufnahme zeigt Emissionen von Röntgenstrahlen (blau) und Radiostrahlen (rot) rund um das Zentrum der Galaxie. Die Radiojets der Galaxie haben einen Durchmesser von etwa 300.000 Lichtjahren und werden vom zentralen schwarzen Loch ausgestoßen.

135

Vorherige Seite PLASMAJETS FLANKIEREN HERCULES A, VON EINEM SCHWARZEN LOCH MIT ENERGIE VERSORGT

Die immense elliptische Galaxie Hercules A enthält ein riesiges schwarzes Loch mit etwa 3 Milliarden Sonnenmassen. Materie, die auf das schwarze Loch zufällt, aber nicht hineinstürzt, wird herumgepeitscht und schießt in polaren Jets nach außen. Die Galaxie ist ungefähr 2,1 Milliarden Lichtjahre entfernt.

Oben DIE CIRCINUS-GALAXIE: EINE NAHE GELEGENE GALAXIE MIT EXPLODIERENDEM HERZEN

Die 13 Millionen Lichtjahre entfernte Circinus-Galaxie ist eine der aktivsten bekannten Galaxien. Sie ist eine Seyfert-Galaxie mit einem instabilen, energiereichen Kern, der ein schwarzes Loch enthält. Gasringe mit einem Durchmesser von rund 1.400 Lichtjahren werden vom schwarzen Loch aus dem Zentrum ausgestoßen.

Oben M77: PORTRAIT EINER SEYFERT-GALAXIE
Dieses Kompositionsbild zeigt rötliche
Röntgenquellen, aufgenommen mit dem
Chandra-Röntgensatelliten und mit dem
Hubble-Weltraumteleskop in sichtbarem Licht.
Radioquellen erscheinen blau. M77 ist eine der
hellsten Seyfert-Galaxien am Himmel. Sie liegt
47 Millionen Lichtjahre entfernt im Sternbild
Walfisch. Die Röntgenstrahlung stammt aus dem
schwarzen Loch im aktiven Kern der Galaxie.

Umseitig DIE TELLERFÖRMIGE SCHEIBE DER
SOMBRERO-GALAXIE
Die Sombrero-Galaxie (M104) in der Jungfrau
ist ein beliebtes Motiv bei Hobbyastronomen.
Verziert wird sie von einer Scheibe, die fast
in Kantenstellung zu sehen ist und einem
typischen UFO gleicht. Das auffallende
Staubband entlang der Kante der Galaxie ist
mit Teleskopen sichtbar. Das Ensemble ist rund
29 Millionen Lichtjahre entfernt.

Gegenüber NGC 2276: ZERRISSENE
SPIRALGALAXIE MIT SCHWARZEM LOCH
Die Spiralgalaxie NGC 2276 liegt 120
Millionen Lichtjahre entfernt im Sternbild
Kepheus. Am Himmel ist sie die Nachbarin
der elliptischen Galaxie NGC 2300 (rechts).
In NGC 2276 werden viele neue Sterne
geboren, und sie enthält in einem ihrer Arme
ein mittelgroßes schwarzes Loch mit 50.000
Sonnenmassen.

Oben EIN BESUCH BEI CYGNUS X-1, DEM
ERSTEN SCHWARZEN LOCH
Anfang der 1970er Jahre war Cygnus X-1
der erste starke Kandidat für ein schwarzes
Loch. 1990 bestätigte sich die Annahme,
dass es sich um ein stellares schwarzes Loch
innerhalb der Milchstraße handelte. Danach
entdeckten die Astronomen auch in anderen
Galaxien schwarze Löcher.

DIE SEYFERT-GALAXIE M77 UND IHR ERUPTIVER KERN
M77, eine der hellsten Seyfert-Galaxien am Himmel, ist rund
47 Millionen Lichtjahre entfernt. Ihr heller, aktiver Kern ist
mit einfachen Teleskopen gut zu sehen.

Gegenüber DAS SCHWARZE LOCH IM ZENTRUM
DER MILCHSTRASSE

Mit dem Chandra-Röntgensatelliten haben
Forscher die Region um das zentrale schwarze
Loch in unserer Galaxis bildlich festgehalten
und dabei festgestellt, dass es möglicherweise
Neutrinos aussendet – Teilchen, die fast
keine Masse und keine elektrische Ladung
besitzen. Dieses Bild zeigt das Gebiet rund
um Sagittarius A*, die energiegeladene
Region, die das schwarze Loch umgibt. Es hat
4 Millionen Sonnenmassen. Die bläulichen und
orangefarbenen Wolken sind die Überreste des
Gases, das die Umgebung des schwarzen Lochs
vor Millionen Jahren ausgestoßen hat.

Oben RÖNTGEN-HOTSPOTS IN DER NÄHE DES
GALAKTISCHEN ZENTRUMS

Dieses erstaunliche Bild, aufgenommen mit
dem Chandra-Röntgensatelliten, zeigt das
Zentrum der Milchstraße. Diese Montage
umfasst ein etwa 900 x 400 Lichtjahre großes
Gebiet mit hochenergetischen Objekten –
darunter Neutronensterne, weiße Zwerge und
Emissionen schwarzer Löcher –, eingehüllt
in einen Mil-lionen Grad heißen, glühenden
Gasnebel.

Umseitig STERNE IM ZENTRUM DER GALAXIS

Das Zentrum der Milchstraße ist hinter dicken
Schleiern aus Staub und Gas verborgen.
Normalerweise sehen wir Sterne und Nebel,
die etwa ein Drittel der Strecke bis zum Kern
der Galaxis entfernt sind. Aber Infrarotlicht
ermöglicht uns einen Blick in das Gewirr von
Sternen und Gas im überfüllten galaktischen
Zentrum, etwa 26.000 Lichtjahre entfernt.
Das Gebiet, das dieses Bild zeigt, ist rund
900 Lichtjahre breit und mit heißen, jun-
gen Sternen und Wolken aus rötlichem
Wasserstoffgas gefüllt.

Kapitel 4

DER VIRGO-SUPERHAUFEN

* * *

Die Gravitation spielt im sichtbaren Universum eine große Rolle. Doch die Zahl der Galaxien, die miteinander wechselwirken, ist winzig – denn der Weltraum ist *wirklich groß*. Der Raum zwischen den Galaxien ist zum größten Teil leer und enthält nichts von der glühenden Materie, die wir in Galaxien sehen. Wenn wir weiter in den Kosmos vordringen, weg von unserer Galaxiengruppe, merken wir, dass die Gravitation eine wichtige Rolle im Leben aller Galaxien spielt. Die meisten Galaxien gehören einer Gruppe wie der Lokalen Gruppe an und sind Mitglieder von Haufen, die Hunderttausende von Galaxien enthalten. Die Milchstraße ist keine Ausnahme.

Reisen wir also mit unserem imaginären Raumschiff über die Lokale Gruppe hinaus. Wir haben bereits gesehen, dass unsere Galaxis einen Durchmesser von 100.000 Lichtjahren hat und dass unsere Lokale Gruppe sich über rund 10 Millionen Lichtjahre erstreckt, sodass wir bei Lichtgeschwindigkeit 10 Millionen Jahre bräuchten, um sie zu durchqueren. Nun wollen wir aber weiterreisen, zum größten Galaxienhaufen in unserem Teil des Universums: dem Virgo-Haufen. Diese Galaxiengruppe ist

---

KURZINFO

Der Virgo-Haufen bildet das Herz des viel größeren Virgo-Superhaufens aus Galaxien, der mindestens 100 Galaxienhaufen und -gruppen enthält, darunter auch unsere Lokale Gruppe.

---

mehr als 50 Millionen Lichtjahre von uns entfernt. Das Licht dieser Galaxien, das wir heute in unseren Teleskopen sehen, hat seine Reise durch den Raum begonnen, lange bevor unsere menschlichen Vorfahren existierten. Es gab aber schon die ersten Fledermäuse und viele auch heute noch bekannte Säugetierarten wie Tapire, Rhinozerosse und Kamele.

Erfahrene Beobachter auf unserer Erde wissen, dass sich der Nachthimmel im Frühling besonders gut dafür eignet, viele Galaxien zu sehen. Dutzende von Galaxien aller Art, wie Hubble und de Vaucouleurs sie beschrieben haben, verteilen sich über den Frühlingshimmel und konzentrieren sich in den Sternbildern Jungfrau, Haar der Berenike, Löwe und Jagdhunde sowie in den benachbarten Gebieten. Wenn wir in diese Richtung des Himmels blicken, schauen wir von der Ebene unserer Galaxis, die die fernen Galaxien verbirgt, weg und durch ein Fenster in einen noch weiter entfernten Kosmos. Viele helle Galaxien – darunter M60, M61, M94, M96, M104, NGC 4535 und NGC 4762 – haben sich in diesem Teil des Himmels angesammelt, weil sie zum Virgo-Haufen gehören, der größten Galaxiengruppe in unserem kleinen Teil des Universums.

KURZINFO

Die ersten Galaxien im Virgo-Haufen entdeckte der französische Kometenforscher Charles Messier in den 1770er-Jahren. Er fand viele ihrer helleren Mitglieder, hielt sie allerdings für Nebel.

EINE REISE INS INNERE DES VIRGO-HAUFENS

In der Mitte des 20. Jahrhunderts nahm unser Wissen über die größte Galaxiengruppe langsam zu. Als die Astronomen immer mehr Galaxien überall am Himmel aufspürten und mithilfe der Rotverschiebung ihre Entfernungen bestimmten, entdeckten sie auch eine Galaxienwolke in Richtung des Sternbildes der Jungfrau. Dieser Virgo-Haufen enthält mindestens 1500 Galaxien, und sein Zentrum ist etwa 54 Millionen Lichtjahre entfernt. Er hat einen Kern aus hellen supermassereichen elliptischen Galaxien, darunter M84, M86, M87, M49 und andere. Viele der Galaxien im Haufen sind so hell, dass sie schon im Okular eines einfachen Teleskops wundervolle Details enthüllen, wenn man sie unter einem dunklen, mondlosen Himmel betrachtet. Den elliptischen Galaxien steht eine gleiche Anzahl von Spiral- und Balkenspiralgalaxien gegenüber, und auch bizarre unregelmäßige Galaxien sind zu sehen, darunter einige interagierende Doppelsterne. Für Amateurastronomen hat der Virgo-Haufen einen der großartigsten teleskopischen Spielplätze am Himmel zu bieten.

DIE MITGLIEDER DES VIRGO-HAUFENS

Das Zentrum des Virgo-Haufens ist rund 54 Millionen Lichtjahre von der Milchstraße entfernt. Die Galaxien in diesem Haufen sind eine bunte Mischung und seine Hauptmasse ist länglich und liegt auf einer Achse, die an einem Ende uns zugewandt und am anderen von uns abgewandt ist. Die lange Achse ist viermal so breit wie die kurze. Die Spiralen sind entlang diesem röhrenförmigen Korridor aufgereiht, und die meisten Ellipsen sind in der Nähe des Zentrums konzentriert. Der Haufen hat drei gravitativ dichte »Klumpen«: Einer liegt im Zentrum der supermassereichen Galaxie M87, der zweite umgibt M86, ebenfalls eine elliptische Galaxie, und der größte befindet sich im Zentrum von M87 und enthält Materie mit mindestens 100 Billionen Sonnenmassen, die ihn zum massiven Kern des Clusters machen.

KURZINFO

Die elliptische Galaxie M86 ist eine der zentralen Galaxien im Virgo-Haufen. Sie weist die stärkste Blauverschiebung auf, das heißt, sie bewegt sich mit 244 Kilometern pro Sekunde auf uns zu, während andere Messier-Objekte sich von uns entfernen (Rotverschiebung).

M87: DIE GROSSE, BÖSE DOMINA

Die größten Galaxien im Virgo-Haufen unterscheiden sich auf verblüffende Art und Weise voneinander. Die dominanteste Galaxie im Haufen ist M87, eine der größten elliptischen Galaxien, die wir kennen. Sie ist eine cD-Galaxie (cD steht hier für centrally dominant), eine der seltenen zentralen elliptischen Riesengalaxien in großen Galaxienhaufen. Der französische Astronom Charles Messier entdeckte diese Galaxie 1781, als Riesengalaxie ist sie bekannt, seit die Astronomen des 20. Jahrhunderts sie studiert haben. Der Halo aus Sternen und Gas, der M87 eine runde Form verleiht, hat einen Durchmesser von fast 500.000 Lichtjahren. Neben ihr sieht die Milchstraße wie ein Zwerg aus.

KURZINFO
M87, eine der massereichsten Galaxien, die wir kennen, hat eine Population von 12.000 Kugelsternhaufen und ein zentrales schwarzes Loch, das 7 Milliarden Sonnenmassen »wiegt«.

Obwohl M87 eine ziemlich formlose Riesenkugel aus Sternen ist, fällt sie auf, weil sie an einer Seite einen Jet ausstößt, der so hell ist, dass man ihn sogar auf einigen Aufnahmen von Amateurastronomen sieht. Der Jet besteht aus Materie, die auf das supermassereiche schwarze Loch zurast, aber nicht hineinfällt, sondern weggeschleudert wird. Das hochenergetische »Kreischen« dieser mit extrem hoher Geschwindigkeit hinausschießenden Materie wird in Form von Röntgen- und Gammastrahlen sichtbar. Der Jet dreht sich entlang seiner inneren Bahn, während Materie sich von der Akkretionsscheibe des schwarzen Lochs entfernt, und wird zu einem Strahl gebündelt, der eine unglaubliche Länge von 250.000 Lichtjahren erreicht.

Das supermassereiche schwarze Loch, das den Jet von M87 antreibt, ist eines der größten, die wir kennen. Man schätzt, dass seine Masse 5 bis 7 Milliarden Sonnen entspricht. Das schwarze Loch in unserer Milchstraße besitzt demgegenüber nur die Masse von 4,3 Millionen Sonnen. Das heißt, dass die Masse des schwarzen Lochs von M87 mehr als 1.000-mal größer ist als die des schwarzen Lochs in unserer Galaxis. Im Jahr 2019 veröffentlichten Astronomen ein Bild der Region dieses schwarzen Lochs, das erste, das mit dem Event-Horizon-Teleskop aufgenommen wurde.

M87 ist zudem bekannt für ihre riesige Population von Kugelsternhaufen, die sie weit außen in ihrem Halo umkreisen. Astronomen nehmen an, dass M87 rund 12.000 Sternhaufen festhält, verglichen mit etwa 150 der Milchstraße.

Das supermassereiche schwarze Loch, das den Jet von M87 antreibt, ist eines der größten, das wir kennen.

DER VIRGO-SUPERHAUFEN

NGC 5005-Gruppe
Entfernung:
60 Million Lj

NGC 4565-
Gruppe
Entfernung:
57 Million Lj

Virgo-Haufen
Entfernung:
55 Million Lj

NGC 5746-Gruppe
Entfernung:
64 Million Lj

Großer Bär
nördliche Gruppe
Entfernung:
60 Million Lj

NGC 4274-Gruppe
Entfernung:
53 Million Lj

M61-Gruppe
Entfernung:
57 Million Lj

NGC 4179-Gruppe
Entfernung:
52 Million Lj

NGC 3665 -
Gruppe
Entfernung:
50 Million Lj

NGC 5364-
Gruppe
Entfernung:
50 Million Lj

NGC 4666-Gruppe
Entfernung:
51 Million Lj

NGC 5866-Gruppe
Entfernung: 50 Million Lj

Großer Bär
Süd-Gruppe
Entfernung:
56 Million Lj

NGC 5084-Gruppe
Entfernung:
60 Million Lj

NGC 5775-Gruppe
Entfernung:
52 Million Lj

NGC 3585-Gruppe
Entfernung:
64 Million Lj

Jagdhunde-
II-Gruppe
Entfernung:
30 Million Lj

NGC 4697-Gruppe
Entfernung:
40 Million Lj

M66-Gruppe
Entfernung:
33 Million Lj

M96-Gruppe
Entfernung:
36 Million Lj

M104-Gruppe
Entfernung:
36 Million Lj

NGC 5121-Gruppe
Entfernung:
52 Million Lj

M51-Gruppe
Entfernung:
26 Million Lj

Jagdhunde-
I-Gruppe
Entfernung:
15 Million Lj

NGC 3175-Gruppe
Entfernung:
48 Million Lj

NGC 2273-Gruppe
Entfernung:
58 Million Lj

M101-Gruppe
Entfernung:
18 Million Lj

Centaurus-A -
Gruppe
Entfernung:
12 Million Lj

NGC 2997-Gruppe
Entfernung:
37 Million Lj

NGC 4976-Gruppe
Entfernung:
47 Million Lj

M81-Gruppe
Entfernung:
12 Million Lj

0°

90°

IC 342-Gruppe
Entfernung:
11 Million Lj

NGC 2835-Gruppe
Entfernung:
33 Million Lj

270°

20 Million Lj

**LOKALE
GRUPPE**

40 Million Lj

NGC 7331-Gruppe
Entfernung: 42 Million Lj

180°

Sculptor-Gruppe
Entfernung:
12 Million Lj

NGC 1023-Gruppe
Entfernung:
32 Million Lj

NGC 1672-Gruppe
Entfernung:
39 Million Lj

IC 5181-Gruppe
Entfernung:
47 Million Lj

M77-Gruppe
Entfernung:
40 Million Lj

IC 5332-Gruppe
Entfernung:
32 Million Lj

NGC 1808-
Gruppe
Entfernung:
42 Million Lj

NGC 7582-Gruppe
Entfernung:
61 Million Lj

NGC 1433-Gruppe
Entfernung:
55 Million Lj

Dorado-Haufen
Entfernung:
59 Million Lj

NGC 1084-Gruppe
Entfernung:
56 Million Lj

NGC 1097-Gruppe
Entfernung:
46 Million Lj

Fornax-Haufen
Entfernung
62 Million Lj

NGC 908-Gruppe
Entfernung:
62 Million Lj

NGC 681
Entfernung:
63 Million Lj

NGC 1255-Gruppe
Entfernung:
65 Million Lj

DAS HERZ DES VIRGO-HAUFENS

In der Nähe von M87 liegt am Himmel eine Linie aus hellen Galaxien, die zum inneren Teil des Virgo-Haufens gehören. Dazu zählen M84 und M86, helle Galaxien, die Messier 1781 entdeckte. Weitere Perlen auf diesem Faden sind NGC 4477, NGC 4473, NGC 4461, NGC 4458, NGC 4438 und NGC 4435. Diese Galaxienlinie ist die Markarjansche Kette, die den beobachtbaren Kern des Haufens markiert. Der armenische Astronom Benjamin Markarjan entdeckte die gemeinsame Bewegung dieser Galaxien im Raum Anfang der 1960er-Jahre. M84 ist eine elliptische Galaxie mit einem auffallenden Staubbandpaar, welches das Antlitz der Galaxie durchquert. Sie ist 60 Millionen Lichtjahre entfernt. In der Nähe liegt M86, eine weitere massereiche elliptische Galaxie mit einem sehr hellen Zentrum, etwa 52 Millionen Lichtjahre entfernt. Beide Galaxien und ihre Nachbarinnen in der Markarjanschen Kette bilden den Kern des Virgo-Galaxienhaufens, auf den viele Amateurastronomen ein Auge haben. Andere ungewöhnlich nahe Galaxien sind unter anderem M60, M61, M85, M89, M90, M91, M100 und NGC 5033.

KURZINFO

Von den großen Galaxienhaufen ist uns der Virgo-Galaxienhaufen am nächsten. Er enthält mindestens 1.300 Galaxien in einer Kugel mit einem Durchmesser von mindestens 15 Millionen Lichtjahren.

UND DAS SIND DIE SUPERHAUFEN

Gegenüber **DER LOKALE SUPERHAUFEN BIS 65 LICHTJAHRE VOM KERN**
Die Lokale Gruppe ist nur eine von vielen Galaxienhaufen, die zum Virgo-Superhaufen gehören. Die gewaltige Ansammlung von relativ kleinen Gruppen und großen Haufen erstreckt sich, von ihrem Zentrum im massereichen Virgo-Haufen ausgehend, mehr als 50 Millionen Lichtjahre hinaus weit ins All. Diese Zeichnung zeigt den Teil des Superhaufens, der sich von der Lokalen Gruppe (hier in der Mitte der Karte, in Wirklichkeit nahe dem Superhaufenrand) bis etwas über den Virgo-Haufen hinaus erstreckt. Diese Grafik enthält alle Galaxiengruppen und -haufen, die mindestens aus drei relativ großen Galaxien bestehen.

Der Virgo-Haufen, mit dem Himmelsbeobachter vertraut sind, ist nur ein Teil der Geschichte des lokalen Universums in unserer Nähe. Galaxien bilden Gruppen (wie unsere Lokale Gruppe), Haufen (wie den Virgo-Haufen), aber auch noch viel größere Ansammlungen: Sogenannte Superhaufen enthalten viele tausend Galaxien und sind noch einmal eine Größenordnung voluminöser. Der Virgo-Superhaufen, auch Lokaler Superhaufen genannt, ist die größte Galaxiengruppe, zu der unsere Milchstraße und die meisten Galaxien, die wir gut sehen können, gehören. Er ist ungeheuer viel größer als der Virgo-Haufen.

Der Virgo-Supercluster enthält etwa 100 Galaxiengruppen und -haufen und hat einen Durchmesser von rund 110 Millionen

Lichtjahren. Ungefähr 10 Millionen solcher Superhaufen enthalten alle Galaxien, die Astronomen im ganzen beobachtbaren Universum sehen können.

Die Erforschung des Virgo-Superhaufen begann mit den Beobachtungen des großen deutsch-englischen Astronomen Wilhelm Herschel und seines Sohnes John Herschel. Ihre Aufzeichnungen zu zahlreichen Nebeln im Gebiet der Jungfrau, des Haares der Berenike und der benachbarten Sternbilder ließen auf eine große Ansammlung schließen und bewirkten, dass die Astronomen sich über die vielen verschwommenen Nebel in dieser Himmelsregion wunderten. Als John Herschel 1863 seinen *Katalog der Nebel und Sternhaufen* veröffentlichte, hatte die Welt einen recht guten Überblick über die Zahl der »Spiralnebel« und anderer seltsamer Nebel, mit denen diese Himmelsregion übersät war. Die meisten von ihnen stellten sich als Galaxien heraus.

VIRGO FASZINIERT DIE ASTRONOMEN

Erst eine Generation nach Hubbles bahnbrechender Entdeckung begannen die Astronomen zu begreifen, wie groß die Galaxienansammlung im Sternbild Jungfrau wirklich ist. Anfang der 1950er-Jahre veröffentlichte Gérard de Vaucouleurs mehrere Arbeiten, in denen er die Ansicht vertrat, dass die Anhäufung von Galaxien in dieser Region auf eine sehr große galaktische Struktur schließen ließ. Im Jahr 1953 prägte er den Begriff »Lokaler Superhaufen«. Harlow Shapley wollte ihm nicht nachstehen und schlug den Begriff »Metagalaxie« vor. Doch die Begriffe Lokaler Superhaufen und später Virgo-Superhaufen setzten sich durch, während die Wissenschaftler darüber debattierten, ob die Ansammlung von Galaxien bedeutsam oder eine Zufallsbegegnung war.

In den 1970er-Jahren dann hatten die Astronomen mit umfangreichen Rotverschiebungsdurchmusterungen große Fortschritte gemacht. Ihnen wurde klar, dass die Ansammlung von Galaxien in der Jungfrau real ist und dass die meisten Objekte ähnlich weit entfernt sind: In dieser Himmelrichtung existiert in der Tat eine riesige Galaxienwolke, von denen sie viele Galaxien, darunter NGC 7331 und NGC 7814, ausgiebig studierten.

EIN ELLIPTISCHER FOOTBALL

Was die Erforschung des Virgo-Superhaufens anbelangt, bestand der nächste Sprung nach vorn in einer bahnbrechenden Arbeit, die der kanadisch-amerikanische Astronom R. Brent Tully 1982 veröffentlichte. Es war eine umfangreiche Analyse des Virgo-Superhaufens, der nach Tullys Meinung eine abgeflachte Scheibe, bestehend aus etwa zwei Dritteln der Superhaufengalaxien, sowie einen kugelförmigen Halo mit dem restlichen Drittel der Galaxien enthielt. Insofern gleicht die Grundstruktur des Superhaufens der Struktur einer Spiralgalaxie, und er ist ein Ellipsoid, etwa footballförmig. Tully vertrat die Auffassung, dass die Scheibe relativ dünn sei, vielleicht nur 3 bis 5 Millionen Lichtjahre dick, und mit einer langen Dimension, die mindestens sechsmal größer sei als die kurze. Viele Galaxien dienten diesen Studien als Beispiele, darunter NGC 253, NGC 2903 und IC 356.

In den ersten Jahren des 21. Jahrhunderts veröffentlichten australische Astronomen im Rahmen eines Projekts namens 2df Galaxy Redshift Survey eine Reihe von Daten, für deren Erhebung sie das 3,9-Meter-Teleskop im australischen astronomischen Observatorium verwendet hatten. Diese 2003 herausgegebenen Informationen ermöglichten einen Blick auf ein enorm großes Universum in zwei »Stücken«, die jeweils 2,5 Milliarden Lichtjahre umfassten. Die enorme Datenmenge erlaubte es den Astronomen, zum ersten Mal den Virgo-Superhaufen mit mehreren anderen nahe gelegenen Superhaufen zu vergleichen. Sie stellten fest, dass der Virgo-Superhaufen ziemlich »arm« ist, weil ihm ein konzentriertes Zentrum fehlt. Er ist auch recht klein im Vergleich zu vielen anderen beobachteten Superhaufen in größeren Entfernungen. Der Virgo-Haufen, ein »reicher« Galaxienhaufen, befindet sich fast im Zentrum des Superhaufens, und die Filamente aus Galaxien und Galaxiengruppen, die ihn umgeben, sind eher spärlich, verglichen mit vielen reicheren Haufen im Universum.

KURZINFO
In den Jahren 1901, 1914, 1959, 1979 und 2006 wurde in der Spiralgalaxie M100 im Virgo-Superhaufen eine Abfolge von hellen Supernovae beobachtet.

Der Virgo-Superhaufen ist »arm«, weil ihm ein konzentriertes Zentrum fehlt.

UNSER PLATZ IM KOSMOS

So wie die Sonne und unser Sonnensystem sich weit entfernt vom Zentrum der Milchstraße, im »Randbezirk«, befinden, liegt auch unsere Lokale Gruppe ziemlich weit draußen, weit entfernt vom Zentrum unseres Superhaufens. Die Lokale Gruppe erstreckt sich entlang eines kleinen Filaments aus Galaxien, das sich vom Fornax-Haufen zum Virgo-Haufen erstreckt. Die ungeheure Größe des Virgo-Superhaufens verstärkt das Gefühl, in einem kleinen Filament am Rande isoliert zu sein. Insgesamt hat der Superhaufen ein Volumen, das rund 7.000-mal größer ist als das der Lokalen Gruppe und 100 Milliarden Mal größer als das unserer Galaxis. Noch einmal: Der Weltraum ist wirklich groß!

WO SIND WIR?
Astronomen verwenden ver-
schiedene Koordinatensysteme,
um Positionen objektiv zu
bestimmen. Im Sonnensystem
ist die Erdbahn (Ekliptik) eine
gute Vergleichsbasis. Jenseits
des Sonnensystems ist die Ebene
der Milchstraße dafür am besten
geeignet. Die beiden Ebenen
treffen sich in einem Winkel
von 60°.

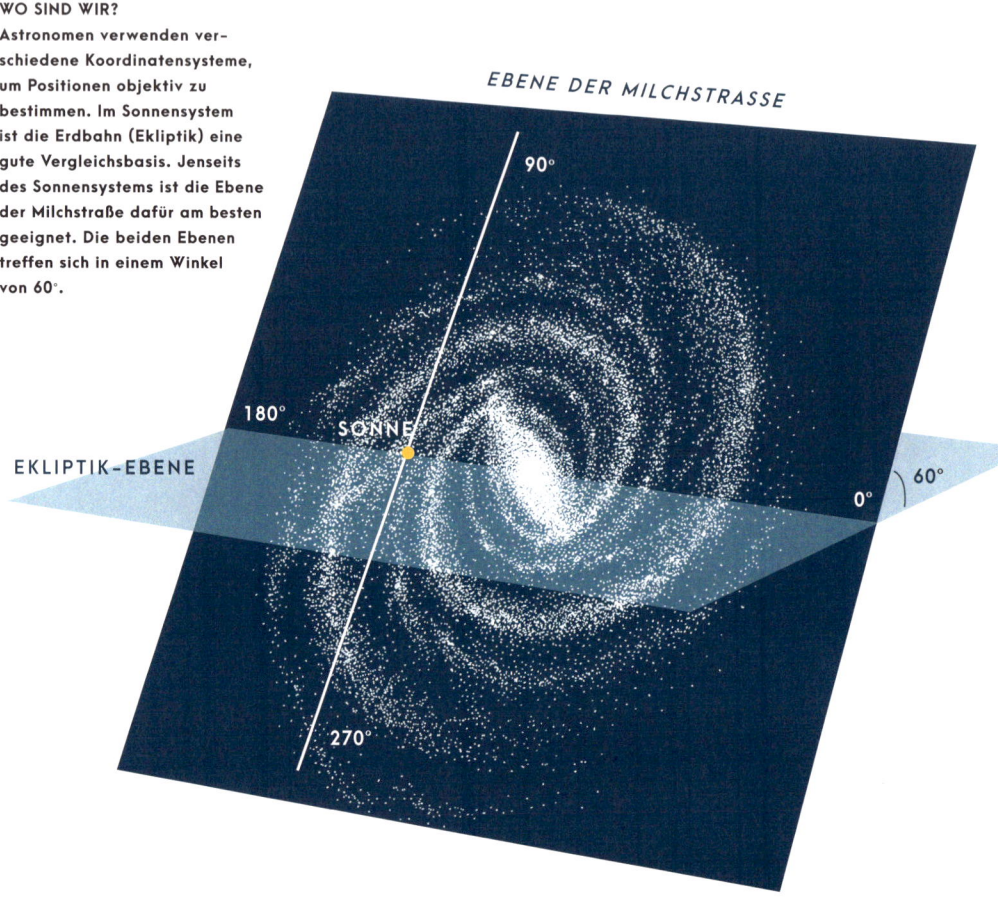

EBENE DER MILCHSTRASSE

90°

180°

SONNE

EKLIPTIK-EBENE

0°

60°

270°

Mit einem Teleskop sehen Sie, wie Galaxien sich über den Himmel verteilen. Suchen Sie zum Beispiel Galaxien wie NGC 1365, NGC 7217 und NGC 7479. Die Galaxien im Virgo-Superhaufen sind nicht gleichmäßig verteilt. Die große Mehrzahl der hellen Galaxien befindet sich in der Nähe des Zentrums, und ihre Zahl nimmt mit zunehmender Entfernung vom Zentrum drastisch ab. Die meisten hellen Galaxien finden wir in wenigen Wolken innerhalb des Superhaufens. Fast alle Galaxien sind Teil der Jagdhunde-Wolke, des Virgo-Haufens und der anderen neun bedeutenden Wolken: Virgo II, Leo II, Virgo III, Becher, Löwe I, Kleiner Löwe, Drache, Luftpumpe und NGC 5643.

DAS GROSSE NICHTS

Der größte Teil des Volumens, das der Virgo-Superhaufen einnimmt, ist eine große Leere, »Void« genannt – Raum ohne Galaxien. Und die Entfernungen zwischen unserem Virgo-Superhaufen und anderen Superhaufen sind gewaltig. Sie sind durch riesige Voids getrennt. Der Durchmesser dieser Voids variiert von Hunderten bis zu Tausenden Millionen Lichtjahren. Filamentähnliche Galaxienketten winden sich um die Voids herum. Man kann sich Galaxien in Haufen und Superhaufen wie Seifenblasen vorstellen, wobei Galaxien die Oberflächen überziehen und enorme leere Räume dazwischen liegen. Um die verschiedenen Formen von Galaxien kennenzulernen, können Sie folgende Beispiele studieren: Copelands Septett, Fornax A, M65, M66, M77, M88, M90, M95, M108, NGC 660, NGC 772, NGC 1055, NGC 1097, NGC 1313, NGC 1672, NGC 3717, NGC 4151, NGC 4365, NGC 4725, NGC 5907, NGC 7331, IC 1613 und IC 2574.

Bevor wir uns dem Universum in einem sehr großen Maßstab zuwenden, wollen wir uns mit einigen unserer Nachbarn befassen, die knapp außerhalb der Lokalen Gruppe und damit näher als das Zentrum des Virgo-Haufens liegen. Diese Galaxien sind für Astronomie-Fans von großem Interesse, weil wir sie mit einfachen Teleskopen betrachten und mit Kameras einfangen können. Viele dieser relativ nahen Galaxien vermitteln uns ein spektakuläres Bild der Galaxientypen, die es überall im Kosmos geben muss.

Der weitaus größte Teil des Virgo-Superhaufens besteht aus leerem Raum.

GALAXIENGRUPPEN IN UNSERER NÄHE

Wenn wir uns von unserer Lokalen Gruppe entfernen, begegnen wir mehreren anderen kleinen Galaxiengruppen, die uns relativ nahe sind. Die nächste ist die IC 342/Maffei 1-Gruppe, die mindestens 18 Galaxien enthält. Mehrere dieser Galaxien haben sich rund um die elliptische Galaxie Maffei 1 angesammelt, rund 9 Millionen Lichtjahre entfernt. Maffei 1 und ihre Nachbarin Maffei 2 liegen von uns aus gesehen in einer dicht besiedelten Region der Milchstraße im Sternbild Kassiopeia. Sie sind so blass und so sehr von Staub abgedunkelt, dass sie unbemerkt blieben, bis der italienische Astronom Paolo Maffei sie 1967 entdeckte.

KURZINFO
Das Herz des Virgo-Haufens, eine gekrümmt Linie aus Galaxien, zu denen M84, M86 und sechs andere helle Galaxien gehören, wird Markarjansche Kette genannt.

Eine andere nahe Galaxiengruppe, die M81-Gruppe, ist etwa 11 Millionen Lichtjahre entfernt und umfasst mindestens 34 Galaxien. Die hellsten zwei, M81 und M82, sind Amateurastronomen vertraut, weil sie helle Galaxien am Frühlingshimmel im Sternbild Großer Bär sind. M81, bisweilen Bodes Galaxie genannt, weil der deutsche Astronom Johann Bode sie 1774 entdeckte, ist eine helle Spiralgalaxie mit starker Schräglage (Face-on-Galaxie), die mit einem Fernrohr zu sehen ist. Nicht weit von ihr entfernt und mit einem einfachen Teleskop zu erkennen, liegt die verzerrte unregelmäßige Galaxie M82, die aus unserem Blickwinkel fast auf der Kante steht. Sie wird auch Zigarren-Galaxie genannt und ist ein erstaunliches Objekt, weil sie gerade eine eruptive Starburst-Episode mit heftigen Sternbildungszyklen durchmacht, wobei die Interaktion mit M81 eine Rolle spielen könnte. Die M81-Gruppe enthält auch die hellen und interessanten Galaxien NGC 2403, NGC 2976 und NGC 3077.

Um herauszufinden, woraus der Virgo-Superhaufen besteht, erforschen die Astronomen in seinem Bereich eifrig Galaxien, die weiter und weiter entfernt sind. Die nächste Galaxiengruppe, der wir auf unserer Reise begegnen, ist die Centaurus A/M83-Gruppe, die einige wirklich ungewöhnliche Objekte enthält. Diese Gruppe ist 12 bis 15 Millionen Lichtjahre entfernt und besteht aus zwei Untergruppen, die eine mit Centaurus A, die andere mit M83 als Zentrum. Die Gruppe umfasst 29 Mitglieder, die unter dem Zwang der Gravitation Centaurus umkreisen, und weitere 15 in der Nähe von M83.

Centaurus A ist eine helle Galaxie am Südhimmel, die mit einfachen Teleskopen leicht zu sehen ist. Ihre eigenartige Bezeichnung kommt daher, dass sie zuerst als starke Radioquelle entdeckt wurde. Die Radiostrahlung dieser sonderbaren, wirren Galaxie geht von ihrem zentralen

Centaurus A lässt ahnen, wie die Milchstraße aussehen wird, wenn sie sich mit Andromeda vereinigt.

schwarzen Loch aus, das 55 Millionen Sonnenmassen »wiegt«. Die Galaxie ist das Produkt eines großen Zusammenstoßes zweier Galaxien in der fernen Vergangenheit, wodurch beide miteinander verschmolzen. Diese riesige, energiegeladene elliptische Wolke könnte die Zukunft der Milchstraße nach deren Verschmelzung mit der Andromeda-Galaxie vorhersagen. Jets schießen aus dem Zentrum der Galaxie empor und reißen Materie mit, die dem Sturz ins schwarze Loch entkommen ist. Auch Amateurastronomen können dieses Schauspiel mit einer guten Kamera aufnehmen.

Die andere Radioblase (auch *Lobe* genannt) dieser Galaxiengruppe liegt im Zentrum der hellen Galaxie M83, die für Hobbyastronomen ebenfalls ein vertrauter Anblick ist. Diese Balkenspiralgalaxie mit geringer Neigung liegt im Sternbild Wasserschlange, ebenfalls am Südhimmel, und zeigt ungefähr, wie unsere Milchstraße aussähe, wenn wir sie von außen betrachten könnten. Die Scheibe der M83-Galaxie hat nur einen Durchmesser von rund 60.000 Lichtjahren; sie könnte also ein Zwei-Drittel-Modell der Milchstraße sein.

HINEIN IN DIE TIEFE DES RAUMES

Wenn wir weiterreisen, ist die Sculptor-Gruppe die nächste Galaxien-Gruppe. Sie ist etwa 13 Millionen Lichtjahre entfernt und ebenfalls am Südhimmel zu sehen. Diese Gruppe aus mindestens 13 Galaxien enthält eine der hellsten Spiralgalaxien, NGC 253, die bisweilen Sculptor-Galaxie genannt wird. Dieses schöne Objekt ist wie M82 eine Starburst-Galaxie, in der zahlreiche neue Sterne entstehen. Ihr zentrales schwarzes Loch hat ungefähr 5 Millionen Sonnenmassen und ist damit etwas massereicher als das schwarze Loch unserer Milchstraße. Weitere Mitglieder dieser Gruppe sind die hellen Galaxien NGC 247 und NGC 7793. In ihrer Nähe sind die bekannten Galaxien NGC 55 und NGC 300 am Himmel zu finden. Sie gelten als Vordergrund-Galaxien, die uns etwas näher sind.

Etwas weiter entfernt als die Sculptor-Gruppe ist die Canes-Venatici-I-Gruppe, auch M94-Gruppe genannt, am Nordhimmel. Sie ist etwa 13 Millionen Lichtjahre entfernt, besitzt mehrere Ringe und enthält mindestens 14 Galaxien mit der Spiralgalaxie M94 im Zentrum. Diese Galaxie hat einen sehr hellen Kern und ist bei Amateurastronomen sehr beliebt, weil sie einen inneren und einen äußeren Ring aufweist. Der Letztere ist eine komplexe Anordnung aus Spiralarmen.

Dann folgt die NGC-1023-Gruppe, eine kleine Gruppe von mindestens fünf Galaxien, die 21 Millionen Lichtjahre entfernt ist. Diese winzige Gruppe enthält einige Objekte, die Beobachtern wohlbekannt sind, nicht nur die linsenförmige Galaxie NGC 1023 selbst, sondern auch die Spiralgalaxie NGC 891 – in Kantenstellung – und die Balkenspiralgalaxie NGC 925.

Und noch immer kommen Galaxiengruppen auf uns zu. Die nächste ist die M101-Gruppe, ebenfalls 21 Millionen Lichtjahre entfernt, eine kleine Gruppe von mindestens sieben Galaxien, die M101 umkreisen, eine große, helle Spiralgalaxie mit geringer Schräglage. Auch sie ist Amateurastronomen vertraut, denn sie ist eine der hellsten Galaxien im Großen Bären in der Nähe der Sterngruppe des Großen Wagens. M101 wird oft Feuerradgalaxie genannt, weil ihre uns zugewandten Spiralarme wie ein Feuerrad aussehen. Sie ist eine große Galaxie: Ihre helle Scheibe hat einen Durchmesser von 170.000 Lichtjahren und ist somit um 70 Prozent größer als die Milchstraße. Ihre Arme sehen unsymmetrisch aus, und zahlreiche Regionen mit Sternbildung sind auf den Spiralarmen verstreut.

AUF HALBEM WEG ZUM VIRGO-HAUFEN

Etwa 25 Millionen Lichtjahre entfernt befindet sich die NGC-2997-Gruppe, eine kleine Ansammlung von Galaxien im Umkreis der Galaxie NGC 2997 im Sternbild Luftpumpe am Südhimmel. Etwas weiter entfernt begegnen wir weiteren Gruppen: Die Canes-Venatici-II-Gruppe enthält die helle Galaxie M106 und einige kleinere Galaxien. Zur M51-Gruppe gehören einige Galaxien in der Nähe der Whirlpool-Galaxie M51, einem Prunkstück unter den Galaxien, die Hobbysterngucker kennen. In dieser Entfernung – 31 Millionen Lichtjahre – haben wir den halben Weg zum Virgo-Haufen zurückgelegt. Wenn Sie die oben genannten Galaxien erforschen, wissen Sie schon recht genau, welche Art von Galaxien sich in unserer kosmischen Nachbarschaft befinden.

Aber wie ändert sich der Galaxientyp, wenn wir viel weiter in den Weltraum vordringen, bis an den Rand von Raum und Zeit?

M101 wird wegen ihrer uns zugewandten Spiralarme oft Feuerradgalaxie genannt.

NEUE IDEEN ÜBER GALAXIENFUSIONEN

In den letzten Jahren haben die Astronomen kollidierende Galaxien so eingehend erforscht, dass sie eine Kollisionstheorie entwickeln konnten, die bestimmte Arten von Kollisionen definiert und Auskunft darüber gibt, wie die seltsamen Formen mancher Galaxien zustande kommen. Der erste und auffallendste Typ ist die Frontalkollision, die dem Zusammenstoß zweier Lkws auf einer Autobahn gleicht. Dieses katastrophale Ereignis bringt dramatische Objekte wie die Wagenrad-Galaxie hervor, eine Ringgalaxie, die 500 Millionen Lichtjahre entfernt im Sternbild Bildhauer liegt. Sie besteht offenbar aus einem stark verdichteten Kern und ist von einem hellen Ring aus neu entstehenden Sternen umgeben. Zwischen dem Zentrum und dem Ring ist nur wenig Materie zu finden. Dieser Zusammenstoß war ein echter Schlag ins Gesicht!

KURZINFO

Viele Mitglieder des Virgo-Haufens sind an einem klaren, dunklen Himmel auch mit kleinen oder mittelgroßen Teleskopen zu sehen.

Fritz Zwicky entdeckte die Wagenrad-Galaxie 1941, und in den folgenden Jahrzehnten fanden die Astronomen viele weitere Ringgalaxien, obwohl diese vergleichsweise selten sind. In den 1970er-Jahren erklärten Astronomen mithilfe von Computermodellen die grundlegende Physik der Ringgalaxien: Sie entstehen, wenn eine eindringende Galaxie auf eine andere prallt – auf eine mit einer großen Scheibe, die von Sternen und Gaswolken umkreist wird –, und zwar entlang ihrer Rotationsachse, und dann schnurstracks durch die Scheibe hindurchfällt und am hinteren Ende wieder zum Vorschein kommt. Wenn die Kollision beendet ist, bleibt ein Bullauge zurück.

DIE ARTEN VON RINGGALAXIEN

Die Wagenrad-Galaxie ist die Folge eines ziemlich symmetrischen Frontalzusammenstoßes. Natürlich ist perfekte Symmetrie im Universum selten; Galaxien, die abseits des exakten Zentrums und nicht lotrecht auf eine Nachbarin aufprallen, können viele verschiedene Ringgalaxien hervorbringen. Es gibt daher sehr unterschiedliche asymmetrische Ringgalaxien mit gequetschten Ringen, tropfenförmigen Zentren, verzerrten Armen und allerlei sonstigen Kuriositäten.

Ein besonders erstaunliches Beispiel für eine Ringgalaxie ist Hoags Objekt, benannt nach dem amerikanischen Astronomen Arthur Hoag, der diese Galaxie 1950 entdeckte. Sie liegt rund 600 Millionen Lichtjahre entfernt im Sternbild Schlange und besteht aus einem fast perfekten Ring aus jungen, heißen blauen Sternen und Gas, die einen hellen, kompakten gelblichen Kern umgeben. Hoags Objekt könnte die Folge einer Kollision sein, aber sicher ist das nicht. Bei einer perfekten Kollision bildet sich der Ring aus einer Dichtewelle in der Scheibe der Galaxie; doch wenn es um Hoags Objekt geht, ist nirgendwo ein Impaktor in Sicht – das schnelle Geschoss hat den Tatort anscheinend verlassen, falls die Galaxie durch Fusion entstand.

Es gibt noch mehr Arten von Ringgalaxien, die faszinierendsten unter ihnen sind die Polarring-Galaxien. Ein gutes Beispiel ist NGC 4650A, die einen Ring aus Materie aufweist, der im rechten Winkel zu einem hellen, linsenförmigen galaktischen Zentrum steht. Dieser Galaxientyp ist die Folge einer Kollision, die einen großen Teil des Gases der Galaxie in eine neue Konfiguration hinauszieht, was zu diesem bizarren Aussehen führt.

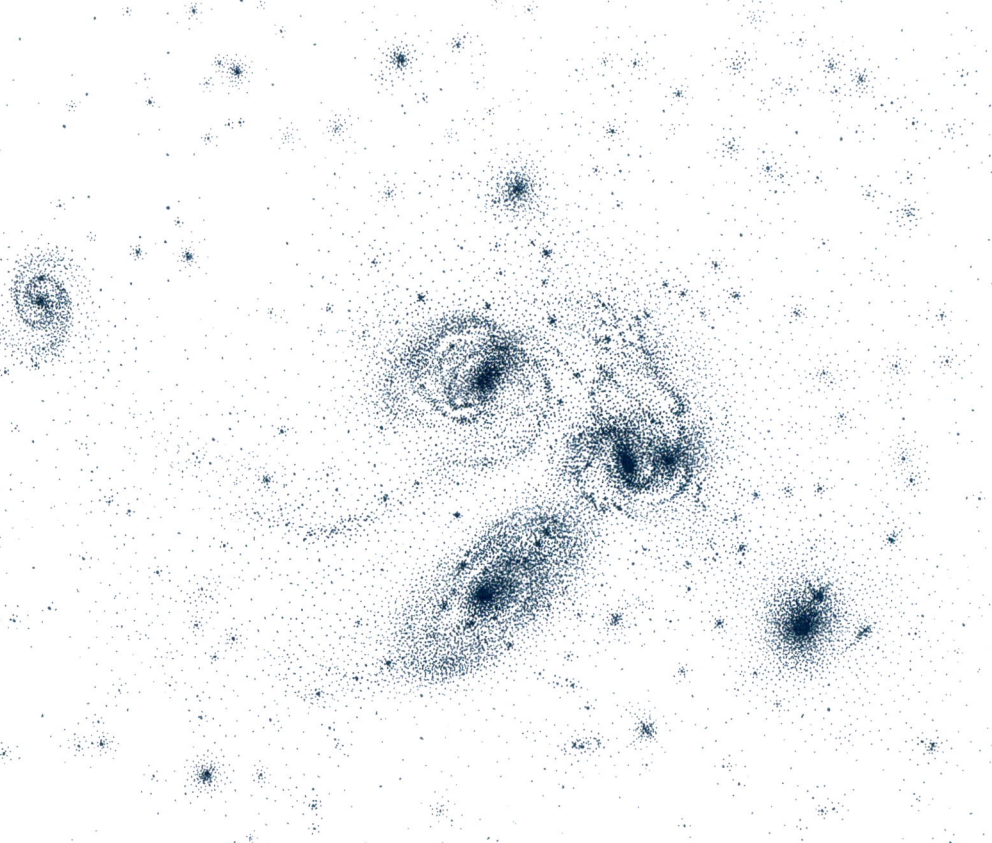

WIE GALAXIEN IM LAUFE DER ZEIT FUSIONIEREN

Obwohl die Idee, aufs Land zu gehen, um interagierende Galaxien zu beobachten und zu erforschen, recht neu ist, ist die Erkenntnis, dass Galaxien manchmal zusammenstoßen, schon ziemlich alt. Bald nachdem Hubble die Natur der Galaxien entdeckt hatte, begannen er und andere Astronomen zu überlegen, ob diese riesigen Sternsysteme interagieren. Unter den Pionieren, die darüber nachdachten, waren in den 1920er-Jahren Harlow Shapley und der schwedische Astronom Bertil Lindblad. Diese und andere Wissenschaftler befassten sich sofort mit den wahrscheinlichsten Orten für wechselwirkende Galaxien: Gruppen und Haufen. Eines der erstaunlichsten Beispiele für Interaktionen, die auch Amateurastronomen mit ihren Teleskopen beobachten können, ist Stephans Quintett, eine Gruppe aus mehreren Galaxien im Pegasus.

Als die Astronomen immer mehr Galaxien zu studieren begannen, wurde ihnen klar, dass nur wenige mit anderen interagieren. Doch diese wenigen weisen dynamische Kollisionen auf, und die Astronomen können viel von ihnen lernen. Etwa die Hälfte aller Galaxien sind in Haufen zu finden, und die Halos aus dunkler Materie, die die meisten Galaxien umgeben, reichen weit über die sichtbaren Scheiben hinaus. Deshalb gibt es mehr Wechselwirkungen, als man anfangs vermutet. Außerdem spielen sich Interaktionen zwischen Galaxien in langen Zeiträumen ab, von Hunderten Millionen bis zu ein paar Milliarden Jahren. Um sie zu beobachten, müssen wir sie daher im richtigen Zeitpunkt ertappen: während der Phase – sie macht nur 1 bis 10 Prozent ihrer Lebensdauer aus –, in der die Begegnung erfolgt. Haufen mit vielen Galaxien, zum Beispiel der Coma-Haufen, sind für Astronomen, die solche Wechselwirkungen beobachten wollen, ein gutes Labor.

KURZINFO
Die kleine wechselwirkende Galaxie NGC 5195 rast an der Whirlpool-Galaxie M51 vorbei und raubt ihr Materie. Sie ist ein vorzügliches Beispiel für eine wechselwirkende Galaxie, die mit einem einfachen Teleskop zu sehen ist.

GEZEITENKRÄFTE ZWISCHEN GALAXIEN

Im Gegensatz zur direkten Kollision, die eine Ringgalaxie hervorbringt, in der die Gravitation der Begleiterin die Sterne neu anordnet, ereignen sich die meisten Wechselwirkungen zwischen Galaxien weniger gezielt. Viele Galaxien, vor allem jene in Gruppen und Haufen, interagieren aufgrund von Gezeitenkräften, die einen oder mehrere Spiralarme verändern oder nur einen einzigen Teil einer Galaxie verformen, wenn die beiden Galaxien aneinander vorbeiziehen.

Die Whirlpool-Galaxie ist ein gutes Beispiel für Gezeitenkräfte zwischen Galaxien. Die kleinere Galaxie NGC 5195 rast an der größeren M51 vorbei, und diese Szene ist so hell, dass man sie mit einem einfachen Teleskop beobachten kann. In den 1970er-Jahren konnten der estnisch-amerikanische Astronom Alar Toomre und sein Bruder Jüri Toomre, ein Astrophysiker, mithilfe von Computersimulationen viele Arten von Wechselwirkungen zwischen Galaxien erklären, an denen Gezeitenkräfte beteiligt waren. Sie entdeckten die Prozesse, die zu den Gezeitenschweifen führen, welche wir beispielsweise in M51 und in den Antennen- und Mäuse-Galaxien sehen.

Ähnliche Galaxien wurden in späteren Jahren erforscht und erklärt. In den 1990er-Jahren studierten Debra und Bruce Elmegreen das wechselwirkende Paar NGC 2207 und IC 2163, manchmal »die Augen« genannt. Die Elmegreens, der amerikanische Astronom Curtis Struck und andere studierten dieses Paar und stellten fest, dass es einen spezifischen Galaxientyp repräsentiert. Er sieht aus wie ein zusammengekniffenes Auge und hat kurze Gezeitenschweife. Das augenförmige Aussehen ist die Folge einer Phasenwelle, die sich in der Galaxie ausbreitet, wenn sie nahe an einer anderen vorbeifliegt. Beispiele wie die Antennen-Galaxien und die NGC 3190-Gruppe ermöglichen einen faszinierenden Blick auf Wechselwirkungen zwischen Galaxien.

SCHWEIFE, BALKEN UND STÖRUNGEN DURCH GEZEITEN

Es gibt auch andere Arten von Gezeitenwirkungen. Manche bringen Balken in Galaxien hervor. Je nach ihrer Geometrie und ihrer Geschwindigkeit können manche Schweife sehr lang werden, wenn schnelle Zwerggalaxien sie hinter sich herziehen. Manche Gezeitenwechselwirkungen können Galaxien so stark verzerren, dass sie die Form einer Gitarre annehmen (Arp 105), oder sie führen zu retrograden Begegnungen, wobei die eindringende Galaxie in die Richtung fliegt, die der Rotation der Hauptgalaxie entgegengesetzt ist.

Eine auffallende Galaxie, die mehrere Arme besitzt und retrograd verformt wird, ist die Feuerrad-Galaxie M101 im Großen Bären mit ihrer schiefen Scheibe. In diesem Fall ist die eindringende Galaxie nicht bekannt, aber M101 ist ziemlich sicher von einer solchen Begegnung betroffen. Vielleicht tanzte einst die leicht verformte nahe gelegene Galaxie NGC 5474 mit ihrer größeren Nachbarin. Andere Galaxien ohne offensichtliche aktuelle Interaktion sind ebenfalls verformt, zum Beispiel die vielarmige Spirale NGC 4622, in der sich eine Gruppe von Spiralarmen relativ zu anderen Armen in der Gegenrichtung dreht.

Zu Gezeiteninteraktionen kommt es, wenn Galaxien einander begegnen und Materie herausziehen, sodass sie verformt werden. Das ist bei vielen kollidierenden Galaxien zu sehen, zum Beispiel in der NGC-68-Gruppe, in der NGC-708-Gruppe und im Seyfert-Sextett. Doch was geschieht bei katastrophalen Kollisionen? Frontalzusammenstöße führen zur Verschmelzung der Galaxien, wobei diese oft völlig umgeformt werden. Manche Astronomen sind der Meinung, dass elliptische Galaxien aus der Verschmelzung von Spiralgalaxien entstehen. Auch die Toomres sind Anhänger dieser Theorie. Sie und andere Astronomen untersuchen die Fusionsrate (merger rate) der Galaxien, um die Entwicklung der Galaxien zu verstehen, die in Haufen und in anderen Regionen miteinander verschmolzen sind. Interessante Beispiele sind Arp 147, Arp 272, Arp 273, ESO 510-G13, NGC 5216 und NGC 6745.

GALAXIEN ENTSTEHEN AUS FUSIONEN

Wir werden noch lange erforschen müssen, welche Rolle Fusionen bei der Entstehung von Ellipsengalaxien spielen. Aber wir wissen bereits, dass Galaxien sich durch Fusionen bilden und dass unsere Galaxis keine Ausnahme ist. Wahrscheinlich besteht die Milchstraße aus den Überresten von bis zu 100 kleinen Galaxien, die sich vereinigt haben, seit die Galaxis besteht, also seit 9 Milliarden Jahren.

Denken wir zum Beispiel an das Hubble Deep Field (HDF). Das Hubble-Weltraumteleskop hat eine Reihe von kleinen Einzelbildern des Sternenhimmels mit extrem langer Belichtungszeit aufgenommen, um selbst die lichtschwächsten Galaxien einzufangen. Das erste Bild entstand 1995. Es konzentrierte sich auf eine kleine Region im Sternbild Großer Bär. Fast alle 3.000 Objekte im HDF sind Galaxien. Im Jahr 2004 veröffentlichten Astronomen das Hubble Ultra-Deep Field, aufgenommen

Galaxien bilden sich durch Fusionen – unsere Galaxis bildet da keine Ausnahme.

mit einer noch längeren Belichtungszeit. Es zeigt etwa 10.000 Galaxien in einem kleinen Areal im Sternbild Chemischer Ofen. Und 2012 wurde das Hubble Extreme Deep Field veröffentlicht, das Galaxien zeigt, die sich nur eine halbe Milliarde Jahre nach dem Urknall bildeten.

Auf diesen Bildern sind viele kleine, tropfenförmige Galaxien zu sehen – Protogalaxien, die nach und nach miteinander verschmolzen und dann normale Galaxien wie unsere bildeten, die wir im heutigen Universum in unserer Nähe sehen. Wenn wir tiefer in den Kosmos blicken, schauen wir zugleich in die Vergangenheit.

DIE NEUGESTALTUNG VON GALAXIEN DURCH STERNAUSBRÜCHE

In den letzten zwei Jahrzehnten haben die Astronomen viel über Kollisionen von Galaxien gelernt. Wenn Galaxien verschmelzen, nehmen ihre Scheiben Energie auf, und oft kommt

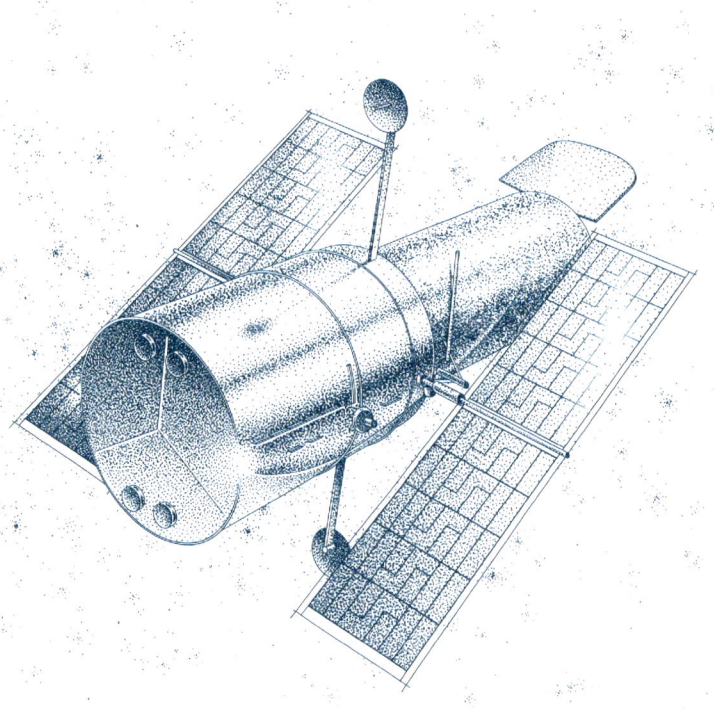

es zu einer neuen Sternentstehung. Wenn die Fusion viel Energie freisetzt, sprechen die Astronomen von einem Starburst-Ereignis. Wir können in vielen verschmelzenden Galaxien Starburst-Ausbrüche beobachten. Gas wird komprimiert, und die Gravitation erzeugt neue Sternhaufen, manchmal in großem Umfang. Ein gutes Beispiel ist die Zigarren-Galaxie (M82) im Großen Bären. Diese helle Galaxie, die mit einfachen Teleskopen gut zu sehen ist, befindet sich derzeit in einem energiereichen Starburst-Ereignis. Die helle Nachbargalaxie M81 zerrt mit ihrer Gravitation an M82 und verursacht dadurch die Sternentstehung. Weitere ungewöhnliche Fälle sind in Arp 302, NGC 3169 sowie NGC 4676A und B zu finden.

Fusionen können auch auf das Zentrum einer Galaxie katastrophale Auswirkungen haben. Die Astronomen wissen heute, dass fast jede Galaxie außer den Zwerggalaxien ein zentrales supermassereiches schwarzes Loch besitzt. Wie wir gesehen haben, gilt das auch für unsere Milchstraße. Als diese schwarzen Löcher jung waren, glichen sie aktiven Motoren; sie saugten jede Materie auf, die sich in der Nähe befand, und schleuderten die Energie und die Materie, die nicht in sie hineinstürzten, in den Raum hinaus. So entstand ein heller Quasar. Als keine Materie mehr vorhanden war, die sie verschlingen konnten, wurden sie ruhig und schliefen ein.

> **Eine Fusion kann Sterne und Gas in großen Mengen in vorher schlafende schwarze Löcher schleudern und diese wieder in Rage versetzen.**

WACHT AUF, IHR SCHWARZEN LÖCHER!

Eine Fusion kann Sterne und Gas in großen Mengen in vorher schlafende schwarze Löcher schleudern und diese wieder in Rage versetzen. Sie kann einen Quasar-Kern im Zentrum der Galaxie entstehen lassen oder neu entzünden, wodurch sich ein hochenergetisches galaktisches Monster bildet. Das könnte in der nahe gelegenen Galaxienfusion Centaurus A (NGC 5128) geschehen, in einer schönen Galaxie am Südhimmel, die mit kleinen Teleskopen zu sehen ist. Die zwei schwarzen Löcher in einer Galaxienfusion wirbeln herum, vereinigen sich und erzeugen ein massereicheres schwarzes Loch, das die Dynamik im Kern der Galaxie umgestaltet.

Natürlich gibt es nicht nur große Galaxienfusionen, nicht nur katastrophale Ereignisse mit Frontalzusammenstoß. Zahlreiche Wechselwirkungen ereignen sich zwischen Galaxien, die

SCHWARZE LÖCHER ALS MOTOREN
IM KERN EINER GALAXIE

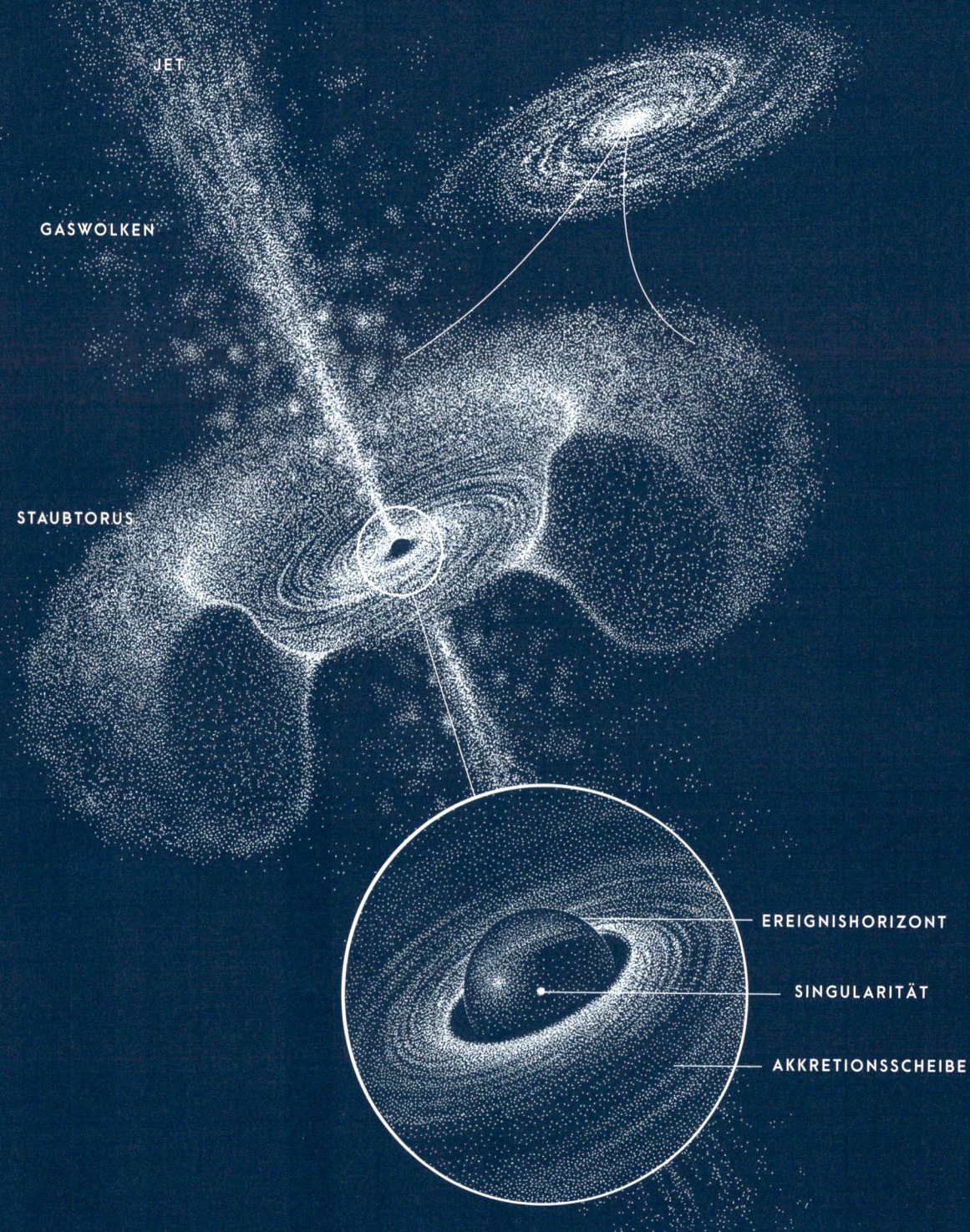

JET

GASWOLKEN

STAUBTORUS

EREIGNISHORIZONT

SINGULARITÄT

AKKRETIONSSCHEIBE

sehr unterschiedliche Größen und Massen besitzen. Was geschieht, wenn eine große Galaxie mit einer kleinen interagiert? Diese kleinen Fusionen sind sonderbar und können verschiedenste Folgen haben. Wenn die kleinere Galaxie 10 Prozent oder weniger Masse besitzt als die größere, ist die Wirkung auf die große meist gering. Betrachten Sie einmal die ungewöhnlichen Beispiele im Perseus-Galaxienhaufen und in Arp 227.

Unsere Milchstraße wird in einigen Milliarden Jahren mit Andromeda verschmelzen.

GALAXIENSCHALEN

Die kleine Galaxie, die durch die Scheibe einer größeren dringt, löst einen Gezeitenschock aus, der Schalen (Bogen) rund um die Galaxie, gegenläufige Scheiben innerhalb der Galaxie, Gezeitenschweife und andere Eigenheiten erzeugen kann. Die bekannte Galaxie M64 im Haar der Berenike ist ein gutes Beispiel für eine gegenläufige Scheibe: Die innere Scheibe rotiert in eine andere Richtung als die äußere.

Wie wir gesehen haben, wird unsere Milchstraße in einigen Milliarden Jahren mit Andromeda verschmelzen. Wenn die Andromeda-Galaxie und die Milchstraße zusammenstoßen, wird unsere Galaxis Teil einer lokalen Supergalaxie namens »Milkomeda«, und der Nachthimmel der Planeten innerhalb dieser Galaxie wird neue, spektakuläre Eigentümlichkeiten aufweisen, die wir heute nicht sehen. Die Vielfalt solcher Wechselwirkungen zwischen Galaxien nimmt erheblich zu, wenn wir tiefer ins Universum eindringen, ebenso die Zahl der schlichten, alten Galaxien in allen Formen und Größen.

Gegenüber SCHWARZE LÖCHER ALS MOTOREN IM ZENTRUM VON GALAXIEN Die meisten Galaxien enthalten supermassereiche schwarze Löcher mit mehr als einer Million Sonnenmassen. Manche Galaxien sammeln in der Nähe ihres Zentrums rasch Materie an. Dabei emittieren sie eine Menge Energie und machen Astronomen auf sich aufmerksam. Man nennt sie aktive galaktische Kerne (AGK). Aus bestimmten Winkeln betrachtet, unterscheiden sich AGK von anderen, ähnlichen Objekten.

Schwarze Löcher sind kugelförmig, die Materie kann aus jeder Richtung in sie hineinfallen. Die meiste Materie stammt aus einer Akkretionsscheibe, die sich erhitzt und hell leuchtet. Durch sie entdecken die Astronomen normalerweise ein schwarzes Loch. Schwarze Löcher erzeugen oft Jets, Materie, die aus der Akkretionsscheibe schießt, bevor sie den Ereignishorizont überschreitet.

Man nimmt an, dass ein Torus das gesamte System umgibt. Er wird zwar oft als Staubring oder Donut gezeichnet, aber seine tatsächliche Form ist noch unbekannt. Weitere Materiewolken können in das schwarze Loch fallen, schneller oder langsamer, je nach ihrer Nähe zum zentralen schwarzen Loch.

**NGC 3949: EINE FASZINIERENDE COUSINE
UNSERER MILCHSTRASSE**
Da wir unsere Galaxis nicht von außen sehen
können, müssen wir uns damit zufrieden geben,
ähnliche Galaxien zu betrachten, die uns nahe sind.
Eine von ihnen ist NGC 3949, eine Balkenspirale, die
rund 50 Millionen Lichtjahre entfernt im Sternbild
Großer Bär liegt.

Vorherige Seite NGC 4725: EINE STAUBIGE
SEYFERT-GALAXIE MIT RING

Die Balkenspiralgalaxie NGC 4725
liegt 40 Millionen Lichtjahre entfernt im
Sternbild Haar der Berenike. Sie ist eine
Seyfert-Galaxie mit einem energiereichen
aktiven Kern und beherbergt ein großes,
supermassereiches schwarzes Loch im
Zentrum.

Gegenüber DER WALFISCH UND SEIN KLEINER
BEGLEITER

Die Galaxie NGC 4631 in den Jagdhunden
ist 30 Millionen Lichtjahre entfernt und hat
eine charakteristische Form, der sie ihren
Spitznamen verdankt. Ihre lichtschwache
Begleiterin ist NGC 4627, eine elliptische
Zwerggalaxie, die den Walfisch umkreist.
Irgendwann wird dieses kleine Objekt vom
Walfisch verschlungen, wodurch ein neuer
Sternentstehungsausbruch entstehen wird.

Oben M100 UND IHRE BERÜHMTE, 1979
ENTDECKTE SUPERNOVA

Die helle, mit einfachen Teleskopen
leicht zu findende M100 im Haar der
Berenike zählt zu den Lieblingen der
Himmelsbeobachter. Sie ist 55 Millionen
Lichtjahre entfernt und Teil des Virgo-
Galaxienhaufens. Im Jahr 1979 tauchte
eine helle Supernova in ihr auf – hier als
heller Stern knapp unter dem bläulichen
Gasknoten im unteren Spiralarm zu
sehen (fast am Rand des Bildes und links
vom Zentrum). Dreißig Jahre nach der
Explosion des Sterns fing das Chandra-
Röntgenobservatorium Röntgenstrahlen
aus dieser Region auf. Das lässt darauf
schließen, dass die Supernova das jüngste
schwarze Loch in unserem Teil des Kosmos
hervorgebracht hat.

Umseitig NGC 660: EINE SELTSAME
POLARRING-GALAXIE

Polarring-Galaxien sind selten. Sie
enthalten Sterne, Gas und Staub in
einem Ring, der den Hauptkörper der
Galaxie umkreist und fast senkrecht
zur Primärachse steht. NGC 660 ist eine
solche Galaxie. Sie liegt 45 Millionen
Lichtjahre entfernt in den Fischen. Der
Polarring sieht mit seinen neu entstehenden rosafarbenen Sternen lebendig
aus. Er könnte aus Materie einer anderen
Galaxie bestehen, die vor langer Zeit
vorbeigezogen ist.

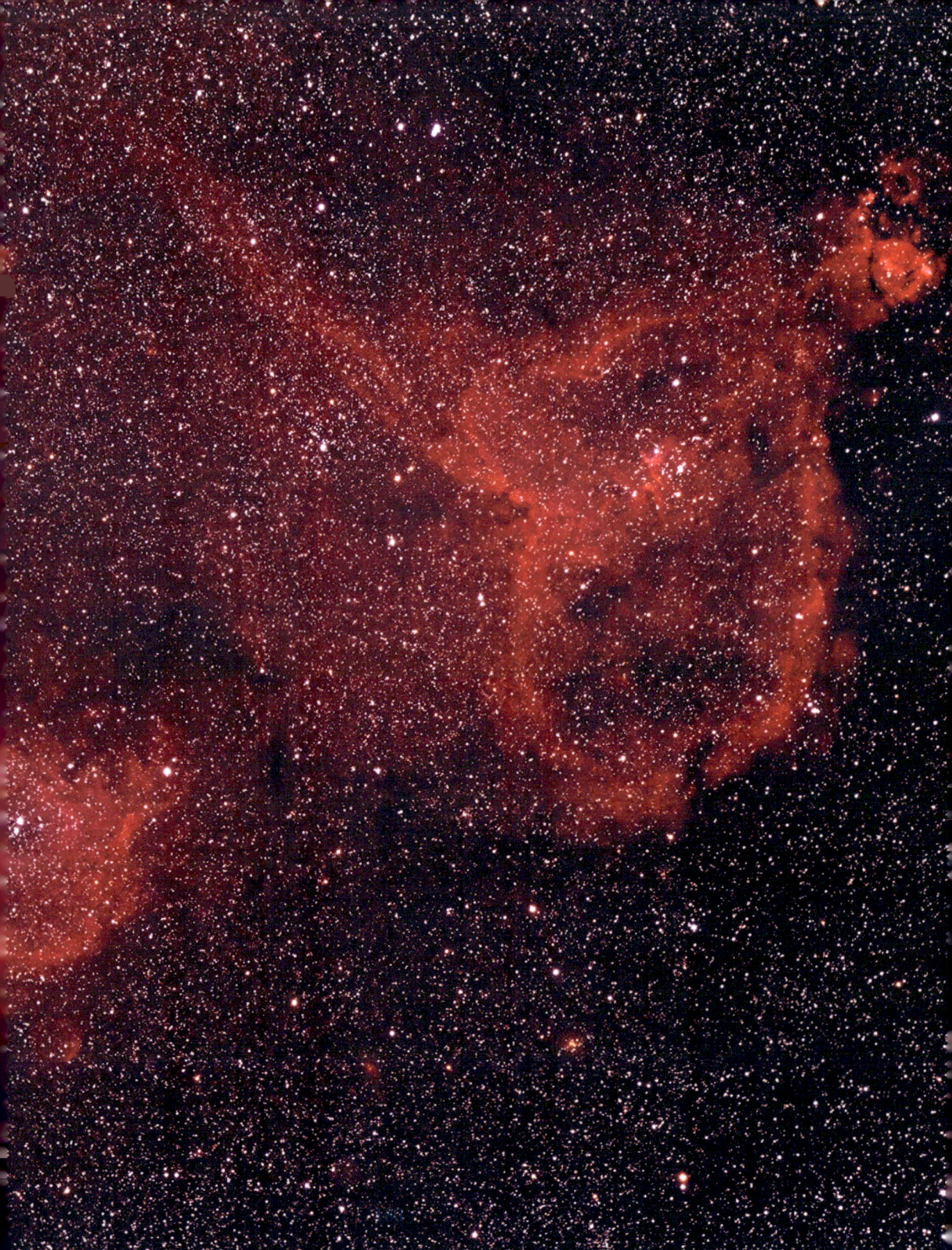

Gegenüber DER HERZ- UND DER
SEELENNEBEL – UND ZWEI BENACHBARTE
GALAXIEN

Zwei große, ausgedehnte Gaswolken in
der Kassiopeia tragen die Spitznamen
Herz- und Seelennebel. Das Herz (IC
1805, rechts) und die Seele (IC 1848,
links) liegen in derselben Region wie
Maffei 1 und Maffei 2, die auf diesem
Bild winzige Funken unter und zwischen
den beiden großen Nebeln sind.

Oben MAFFEI 1: EINE HOCHSTAPLERIN

Jahrelang glaubten die Astronomen,
die ungewöhnliche Galaxie Maffei 1
sei ein Mitglied der Lokalen Gruppe.
Heute sind sie der Ansicht, dass sie
sich knapp jenseits der Grenzen der
Gruppe befindet, 9 Millionen Lichtjahre
entfernt. Diese massereiche elliptische
Galaxie liegt mitten in der Kassiopeia-
Milchstraße und ist daher stark
verdunkelt. Von außen betrachtet wäre
sie viel heller.

Unten MAFFEI 2: NOCH EINE
HOCHSTAPLERIN

Der italienische Astronom Paolo Maffei
entdeckte Maffei 1 und 2 im Jahr 1968.
Beide werden von den Sternen, dem
Gas und dem Staub der Milchstraße
stark verdunkelt. Die intermediäre
Spirale Maffei 2 galt eine Zeit lang als
Mitglied der Lokalen Gruppe, so wie
auch ihre Schwester; heute wissen wir,
dass sie knapp außerhalb der Gruppe
liegt und 9,8 Millionen Lichtjahre
entfernt ist.

181

Vorherige Seite DIE WUNDERVOLLE SPIRALE
IC 342

IC 342 ist 11 Millionen Lichtjahre entfernt,
also eine Nachbarin von uns im Sternbild
Giraffe nahe der Milchstraßenebene. Sie
gehört mit mehreren anderen zu einer
lockeren Gruppe. Ihre Neigung ist gering,
aber ihre Oberfläche nicht sehr hell.
Deshalb ist sie für Amateurastronomen
etwas schwer zu finden, schade bei einer
so eleganten Form.

Oben DAS PRACHTVOLLE GALAXIENPAAR
M81 UND M82

Zwei der hellsten Galaxien am Frühlingshimmel sind nicht weit voneinander entfernt
und interagieren daher gravitativ: M81,
manchmal Bodes Galaxie genannt (links),
und M82, bisweilen Zigarrengalaxie
genannt.

Gegenüber DIE SCHÖNE SPIRALGALAXIE M81
IM GROSSEN BÄREN

Eine der hellsten Galaxien am Nordhimmel
ist M81, auch Bodes Galaxie genannt.
Sie ist 12 Millionen Lichtjahre entfernt
und hat einen hellen, aktiven Kern sowie
schimmernde Arme, die mit winzigen rosafarbenen Sternbildungsregionen gesprenkelt sind. Die Galaxie verbirgt ein
supermassereiches schwarzes Loch mit
70 Sonnenmassen im Zentrum.

Gegenüber DIE ÄUSSEREN SCHALEN VON CENTAURUS A
Centaurus A (NGC 5128) ist eine helle Galaxie am
Südhimmel im funkelnden Sternbild Zentaur. Ihren
Namen erhielt sie, weil sie eine starke Radioquelle
ist. Astronomen fanden heraus, dass diese große
kugelförmige Galaxie die Folge einer lange
vergangenen Fusion von zwei Galaxien ist; beide
krachten frontal zusammen. Deshalb könnte dieses
Objekt einen Hinweis darauf geben, wie »Milkomeda«
in ferner Zukunft aussehen wird, die Supergalaxie,
die nach der Verschmelzung der Milchstraße mit
der Andromeda-Galaxie entsteht. Blasse bläuliche
Schalen rund um Centaurus A deuten auf Turbulenzen
hin, die eine längst vergangene Fusion verursacht
hat. Die Galaxie ist rund 13 Millionen Lichtjahre
entfernt.

Oben EIN RÖNTGENBLICK INS HERZ VON M82
M82 ist eine Starburst-Galaxie mit einem eruptiven
und aktiven schwarzen Loch im Zentrum. Ein »Deep-
Sky«-Bild, mit dem Chandra-Röntgenobservatorium
aufgenommen, zeigt die Sternentstehung in der
Nähe des Zentrums von M82. Neue Sterne leuchten
hunderte Male heller auf als in der Milchstraße.

Oben DIE SÜDLICHE FEUERRAD-GALAXIE
M83, eine prachtvolle Balkenspiralgalaxie
im südlichen Sternbild Wasserschlange, wird
oft südliche Feuerrad-Galaxie genannt.
Sie ähnelt im Wesentlichen der Milchstraße,
ist aber mit ihrem Durchmesser von 60.000
Lichtjahren erheblich kleiner.

Gegenüber DIE LOCKER GEWUNDENE
BALKENSPIRALE NGC 925
Die ungewöhnliche Spiralgalaxie NGC 925
liegt im Sternbild Dreieck, nicht weit von
der Dreiecksgalaxie M33 entfernt. Diese
Balkenspirale mit starker Schräglage besitzt
eine Scheibe mit einigen Regionen, in denen
neue Sterne entstehen. Sie ist rund 30
Millionen Lichtjahre entfernt und gehört zur
Galaxiengruppe NGC 1023, einer kleinen
Ansammlung von mindestens fünf großen
Mitgliedern.

**M83, EINE SCHÖNE BALKENSPIRALE MIT GERINGER
SCHRÄGLAGE**

M83 gilt als Galaxie, die der Milchstraße ähnelt. Sie
ist eine der schönsten Galaxien am Südhimmel. Da
sie nur 15 Millionen Lichtjahre entfernt ist, sind ihre
Details eindrucksvoll. Die rosafarbenen Flecken sind
Wasserstoffwolken und Sternentstehungsregionen. M83
hat einen Durchmesser von etwa 55.000 Lichtjahren,
etwa halb so viel wie die Milchstraße. Ihre anmutige
Form hat ihr den Spitznamen »Südliche Feuerrad-
Galaxie« eingebracht.

Gegenüber DER KOSMISCHE AUFRUHR IN CENTAURUS A

Die bizarre Galaxie Centaurus A (NGC 5128) am Südhimmel ist ein klassisches Beispiel für eine Fusion durch Frontalzusammenprall. Zwei Galaxien krachten zusammen und lösten ein hochenergetisches, rundes Chaos aus, das eine stürmische neue Phase der Sternentstehung in Gang setzte. Diese Aufnahme des Chandra-Röntgenobservatoriums zeigt, welche Energie ein schwarzes Loch in einer Galaxie hat. Der Röntgen-Jet oben links (orangefarben) wurde mit dem APEX-Teleskop in Chile aufgenommen; die bläulichen Röntgen-Daten stammen vom Chandra.

Rechts NGC 4650 A: EINE POLARRING-GALAXIE

Die lichtschwache Galaxie NGC 4650A im Zentaur ist ein seltsames Gebilde: eine Polarringgalaxie. Sie besteht aus einem rotierenden Ring aus Materie rund um die Pole der Galaxie. Der Hauptkörper der Galaxie ist ein linsenförmiges Objekt. Der Polarring steht im rechten Winkel zur Galaxie. Er entstand wahrscheinlich durch eine uralte Kollision. Diese bizarre Galaxie ist etwa 130 Millionen Lichtjahre entfernt.

Umseitig NGC 2623: EIN GALAKTISCHES ZUGUNGLÜCK

Die stark verformte Galaxie NGC 2623 im Krebs ist rund 250 Millionen Lichtjahre entfernt und lässt ahnen, was mit der Milchstraße und Andromeda geschehen wird. Diese Fusion entstand durch einen Frontalzusammenstoß. Die beiden Galaxien haben ihre eigene Identität verloren und sind jetzt eine runde Masse mit Schweifen, die von der Gravitation verzerrt wurden. Die geschwungenen Kurven dieser Schweife sind mehr als 50.000 Lichtjahre lang und enthalten zahlreiche Haufen aus heißen, jungen Sternen.

Gegenüber NGC 5544 UND NGC 5545:
»GEKLAMMERTE« GALAXIEN

Das wechselwirkende Galaxienpaar NGC 5544 und NGC 5545 im Bärenhüter sieht aus, als wäre es auf ein Papier gelegt und zusammengeheftet worden. NGC 5544 ist die helle Face-on-Balkenspiralgalaxie rechts. Ihre schwächere Begleiterin ragt aus der Seite der größeren Galaxie heraus. Diese Galaxien sind 140 Millionen Lichtjahre entfernt und vermitteln einen Eindruck davon, wie die Fusion zwischen der Milchstraße und Andromeda im Frühstadium aussehen könnte.

Oben DIE ELEGANTE WECHSELWIRKENDE GRUPPE STEPHANS QUINTETT

Stephans Quintett im Pegasus ist mehr als 300 Millionen Lichtjahre entfernt und eine der auffälligsten Gruppen von wechselwirkenden Sternen am Himmel. Aber sie enthält auch eine Hochstaplerin: Die hellste Galaxie, NGC 7320 (rechts), ist nur 39 Lichtjahre entfernt und wird auf die weiter entfernten Galaxien projiziert. Andere Mitglieder sind NGC 7319 (links von NGC 7320), NGC 7318A und NGC 73188 (über NGC 7320), NGC 7317 (oben rechts) und NGC 7320C (unten links).

EINE DER BESTEN AM HIMMEL: DIE WHIRLPOOL-GALAXIE
Die Whirlpool-Galaxie in den Jagdhunden, eine weitere
Galaxie in der Nähe der Sterngruppe des Großen Wagens
am Nordhimmel, ist auch als M51 bekannt. Sie ist eines
der schönsten Objekte am Himmel. M51 bildet ein
wechselwirkendes Paar mit dem Eindringling NGC 5195, der
an M51 vorbeizieht und aus einem von deren Spiralarmen
Materie absaugt. Das Paar ist 23 Millionen Lichtjahre
entfernt, und die Scheibe von M51 hat einen Durchmesser
von 60.000 Lichtjahren.

NGC 4038 und NGC 4039, Antennen-Galaxien genannt,
sind ein wechselwirkendes Paar im Sternbild Rabe,
etwa 70 Millionen Lichtjahre entfernt. Dieser chaotische
Mischmasch mit den Zentren von zwei Galaxien, die
miteinander verschmelzen, ist eine Vorschau auf die
Zukunft der Milchstraße, der sich die Andromeda-Galaxie
unaufhaltsam nähert. Die Kollision zwischen den Antennen
begann vor knapp einer Milliarde Jahren.

Ein Foto der Antennen-Galaxie im Raben, NGC
4038 und NGC 4039, zeigt ein dramatisches
Erscheinungsbild, wie man es mit einem
einfachen Teleskop sieht. Die schalenförmigen
Körper der verformten Galaxien sind leicht
zu finden; die anmutigen Bogen der blassen
Gezeitenschweife hingegen sieht man nur auf
Fotos.

DER EINDRINGLING IN DIE WHIRLPOOL-GALAXIE:
EINE GROSSAUFNAHME DER NGC 5195
Die berühmte Whirlpool-Galaxie M51 in den
Jagdhunden ist ein interessantes System und ein
Lieblingsobjekt fast aller Amateurastronomen.
Das Foto zeigt die vorbeiziehende kleine
Galaxie in Großaufnahme. Sie saugt Materie
aus der Scheibe der Whirlpool-Galaxie, deren
Kante am rechten Rand zu sehen ist. Das System
ist rund 23 Millionen Lichtjahre entfernt. Die
Staubwolken und der feste Kern dieser kleinen
Galaxie haben einen Durchmesser von 20.000
Lichtjahren.

NGC 2207 UND IC 2163: EINE ENGE GALAKTISCHE
UMARMUNG

Zwei auffallende Galaxien im Sternbild Großer
Hund zeigen einen Frontalzusammenstoß
im Frühstadium. NGC 2207 (links) ist eine
Balkenspirale mit einer schwachen Ringstruktur.
IC 2163, eine kleinere Balkenspirale, wird
irgendwann vollständig mit der größeren Galaxie
verschmelzen. Diese majestätischen Objekte sind
etwa 80 Millionen Lichtjahre entfernt.

Oben DIE FEUERRAD-GALAXIE IN IHRER
GANZEN PRACHT

**M101, auch als Feuerrad-Galaxie
bekannt, ist eine der hellsten Galaxien im
Großen Bären und liegt in der Nähe der
Sterngruppe des Großen Wagens. Diese
prächtige Face-on-Galaxie ist 21 Millionen
Lichtjahre entfernt und im Vergleich zur
Milchstraße eine Riesenspirale: Sie hat einen
Durchmesser von 170.000 Lichtjahren und
enthält eine Billon Sterne.**

Gegenüber EINE TIEFENAUFNAHME ENTHÜLLT
ANDROMEDAS HALO-STERNE

**Das Hubble-Weltraumteleskop lieferte dieses
Foto mit unglaublich langer Belichtung
und zeigt Halo-Sterne in der Andromeda-
Galaxie. Astronomen errechneten anhand
dieses Bildes, dass die hier abgebildeten
Sterne sich erst vor 6 bis 8 Milliarden Jahren
bildeten. Die großen Altersunterschiede bei
Andromedas Sternen deuten auf eine lange
Fusionsgeschichte hin, wobei jüngere Sterne
sich mit älteren vermischten.**

Gegenüber M82: EINE EXPLODIERENDE »ZIGARREN-GALAXIE«, DIE BETRACHTER ENTZÜCKT

Die Galaxie M82, die wir in Kantenstellung sehen, ist ein Wunder am Nordhimmel. Man kann sie mit einem einfachen Teleskop leicht im Sternbild des Großen Bären finden. M82 ist eine rund 12 Millionen Lichtjahre entfernte Starburst-Galaxie, das heißt, sie gebiert sehr viele neue Sterne und spuckt Materie aus dem hochaktiven Kern in den Weltraum. Gravitationskräfte der nahe gelegenen Galaxie M81 sind die Ursache der explosiven Sternentstehung. Der Kern der Galaxie enthält ein supermassereiches schwarzes Loch.

Oben NGC 3370: EINE GRAND-DESIGN-SPIRALGALAXIE

Diese stattliche Galaxie im Sternbild Löwe ist rund 100 Millionen Lichtjahre entfernt und ähnelt unserer Galaxis. Sie ist eine Grand-Design-Spiralgalaxie mit auffallenden, deutlich ausgeprägten Spiralarmen.
Dieses Bild des Hubble-Weltraumteleskops ermöglicht es den Astronomen, einzelne Sterne in NGC 3370 zu studieren. So können sie ihre Entfernung genau berechnen und die Abläufe in der Galaxie verstehen.

Umseitig NGC 4945: EINE IMPOSANTE SÜDLICHE SPIRALE IN KANTENSTELLUNG

Wir sehen die Spiralgalaxie NGC 4954 fast in Kantenstellung im südlichen Sternbild Zentaur. Sie hat etwa die Größe der Milchstraße. Das ungewöhnliche Zentrum der Galaxie entspricht dem einer Seyfert-Galaxie mit einem hochenergetischen Kern und einem aktiven schwarzen Loch, das mit hoher Geschwindigkeit Materie ausstößt.

Kapitel 5

GALAXIEN BIS ZUM RAND DES UNIVERSUMS

* * *

Jetzt verstehen wir allmählich, wie ungeheuer groß der Kosmos wirklich ist. Denken Sie wieder an unser imaginäres Raumschiff, das uns mit Lichtgeschwindigkeit – so schnell wie ein Photon – innerhalb von 100.000 Jahren über die Scheibe unserer Galaxis hinaus und von einer Seite unserer Lokalen Gruppe bis zur anderen gebracht hat. Wie lange brauchen wir, um zum Virgo-Haufen zu reisen? Mehr als 50 Millionen Jahre! Überlegen wir nun einmal, wie lange es dauert, um von einem Galaxienhaufen zum nächsten zu reisen oder zu den fernsten Galaxien, die wir sehen können. Jetzt sprechen wir von Milliarden Jahren, selbst mit der höchsten Geschwindigkeit im Universum. Mit einem einfachen Teleskop können Sie Galaxien und Quasare sehen, die mehrere Milliarden Lichtjahre entfernt sind. Einige der Photonen, die auf Ihre Netzhaut treffen, haben ihre Heimatgalaxie verlassen, bevor unsere Sonne und Erde existierten.

KURZINFO
Das heutige Universum enthält etwa 100 Milliarden Galaxien. In seinem Frühstadium waren es wahrscheinlich mehr als eine Billion; aber viele kleinere Galaxien sind seither miteinander verschmolzen.

Wenn wir weiter ins Universum vordringen, sehen wir unterwegs viele ungewöhnliche Galaxien und Galaxiengruppen und viele unterschiedliche Typen.

Um die Größe des Universums zu begreifen, brauchen wir Trittsteine. Die meisten Sterne und Galaxien am Himmel sind so fern, dass wir von einer Nacht zur nächsten keine Bewegung sehen; sie sind so weit entfernt, dass wir das Universum im Grunde als Einzelbild eines gigantischen kosmischen Films sehen. Beschäftigen wir uns also kurz mit Objekten, die für Menschen sehr fern sein mögen, aber aus einem kosmischen Blickwinkel wirklich nahe sind.

Nehmen wir an, die Entfernung zwischen Erde und Sonne, die Astronomen Astronomische Einheit nennen, betrage einen Zentimeter. In diesem Maßstab können Sie das Sonnensystem auf mehrere aneinandergeklebte Papierbogen zeichnen, von einem Ende zum anderen. Mars ist dann 1,5 Zentimeter von der Sonne entfernt, Jupiter 5 Zentimeter Saturn 9,5 Zentimeter Uranus 19 Zentimeter und Neptun 30 Zentimeter Pluto und seine eisigen Gefährten sind etwa 40 Zentim ter entfernt, und viele kleine Asteroiden sind in noch größerer Entfernung verstreut. In diesem Maßstab sind die Oortsche Wolke, der physikalische äußere Rand des Sonnensystems, und ihre 2 Billionen Kometen ganze 1.000 Meter entfernt. Und denken Sie daran, dass Menschen in diesem Maßstab nur einen winzigen Bruchteil des ersten Zentimeters weit gereist sind – bis zum Mond.

Selbst unser Sonnensystem ist in einem maßstabsgetreuen Modell einschüchternd groß. Die Milchstraße ist in diesem Maßstab jedoch unvorstellbar viel größer. Sie müssten mehr als 63.000 Astronomische Einheiten nebeneinander legen, um ein Lichtjahr zu erreichen – aber die Milchstraße hat einen Durchmesser von 100.000 Lichtjahren. Was also ist mit den Träumen von Raumschiffen, die die Galaxis durchqueren und andere Zivilisationen besuchen? Vergessen Sie diese Idee. Überlassen Sie kosmische Reisen den Filmen.

KURZINFO

Die älteste (und fernste) bisher beobachtete Galaxie ist GN-z11, ein blasser Lichtfleck, der eine rund 13,4 Milliarden Jahre alte Protogalaxie zeigt. Sie bildete sich nur 400 Millionen Jahre nach dem Urknall. Das war in etwa der frühste Zeitpunkt für die Bildung von Galaxien.

Astronomen haben die Expansion des Universums zeitlich zurückverfolgt und schätzen heute, dass das Universum insgesamt einen Durchmesser von 93 Milliarden Lichtjahren hat. Das hört sich seltsam an, weil die Lichtgeschwindigkeit konstant ist und sich nichts schneller als das Licht bewegen kann – und weil das Universum 18,8 Milliarden Jahre alt ist. Aber wir müssen berücksichtigen, dass der Raum selbst sich ausdehnt. Noch etwas ist zu bedenken: Die 93 Milliarden Lichtjahre beziehen sich nur auf die Größe des sichtbaren Universums – also auf den Teil, den wir sehen können.

DIE KOSMISCHE INFLATION UND DAS MULTIVERSUM

In den 1980er-Jahren veröffentlichten zwei Kosmologen unabhängig voneinander eine Theorie über das frühe Universum. Der Amerikaner Alan Guth und der russisch-amerikanische Forscher Andrei Linde stellten ihre »Inflationstheorie« vor. Wenn das sehr junge Universum sich innerhalb der ersten Sekunde nach dem Urknall fast augenblicklich von der Größe einer Erbse zur Größe eines Softballs aufblähte, können die Astronomen einige Aspekte, die sie im späteren Universum beobachten, ziemlich gut erklären. Deshalb vertrauen die meisten Kosmologen heute der Inflationstheorie, und wenn sie sich bestätigt, würde das unter anderem bedeuten, dass das Universum, das wir sehen, möglicherweise nicht das ganze Universum ist. So sonderbar es klingen mag, das Universum könnte sogar unendlich sein. Und jenseits unseres Universums existieren vielleicht andere Universen im »Multiversum«.

WIE GROSS IST DAS UNIVERSUM?

Um die Frage zu beantworten, wie groß das Universum ist, müssen wir mit dem arbeiten, was wir sehen: mit dem sichtbaren Universum. Es hat einen Durchmesser von 93 Milliarden Lichtjahren, aber wir haben bisher nur unsere eigene Lokale Gruppe, die nahe gelegenen Haufen und Galaxiengruppen bis zu einer Entfernung von mehreren Dutzend Millionen Lichtjahren, sowie den Virgo-Haufen und -Superhaufen erforscht. Letzterer enthält etwa 100 Galaxiengruppen und -haufen und hat einen Durchmesser von rund 110 Millionen Lichtjahren. Wenn wir also so weit schauen und einige der fernsten Galaxien berücksichtigen, die wir mit einfachen Teleskopen sehen können, haben wir erst die Oberfläche angekratzt. Der Durchmesser des Virgo-Superhaufens entspricht etwa einem Tausendstel des Durchmessers des gesamten sichtbaren Universums. Einige nahe gelegene Haufen sind der Herkules-, der Pegasus- und der Corona-Borealis-Galaxienhaufen.

Aber was existiert jenseits des Virgo-Superhaufens? Der größte Teil des Universums – der weit von dem, was wir leicht sehen können, entfernt ist – muss mit interessanten und erstaunlichen Objekten aller Art gefüllt sein. Sind Sie auch dieser Meinung? Dann haben Sie recht.

DAS UNIVERSUM IM GROSSEN MASSSTAB

Die vorige Generation wurde mit Entdeckungen überhäuft, die das unklare Bild vom Universum im sehr großen Maßstab schärfer zeichnen. Der Fortschritt begann in den 1970er-Jahren, als Astronomen große Himmelsdurchmusterungen vorantrieben. Nun erblickten sie Strukturen, die noch größer sind als Superhaufen, und nannten sie Platten, Wände und Filamente – riesige Areale mit Superhaufen, die sich um das Universum herumwinden, getrennt durch enorme Voids. Kosmologen stellen sich die großmaßstäbliche Struktur des Universums gerne als riesiges Schaumgebilde vor, wobei die Blasen die Galaxien und das Innere der Blasen die Voids, die sie trennen, symbolisieren. Man kann sich auch ein komplexes dreidimensionales Spinnengewebe vorstellen, in dem das gewobene Netz die Galaxienfilamente und die Hohlräume die sie trennenden Voids darstellen.

Seit den 1980er-Jahren haben zahlreiche Galaxiendurchmusterungen unser Bild vom Universum enorm verbessert. Brent Tully und seine Mitarbeiter kartierten den Pisces-Cetus-Superhaufen, die riesige Wand aus Galaxien, die den Virgo-Superhaufen enthält. Etwa um die gleiche Zeit identifizierten Astronomen ein gigantisches Loch im lokalen Universum, die Große Leere.

> **KURZINFO**
>
> **Die aktivste Galaxie, die wir kennen, ist EQ J1000054+023435, manchmal Baby-Boom-Galaxie genannt. Sie ist 12,2 Milliarden Lichtjahre entfernt und bringt jedes Jahr 4.000 neue Sterne hervor, während es die Milchstraße nur auf etwa 10 pro Jahr bringt.**

FERNE GALAXIENHAUFEN

Jenseits des Virgo-Superhaufens liegen zahleiche Galaxienhaufen und -superhaufen, insgesamt vielleicht rund 10 Millionen Superhaufen. Aber bedenken Sie, dass wir uns immer noch im beobachtbaren Universum befinden. Dieses Universum bezeichnen die Astronomen als großräumige Struktur des Kosmos. Teleskope sind Zeitmaschinen, denn wenn wir ferne Objekte betrachten,

DER URKNALL

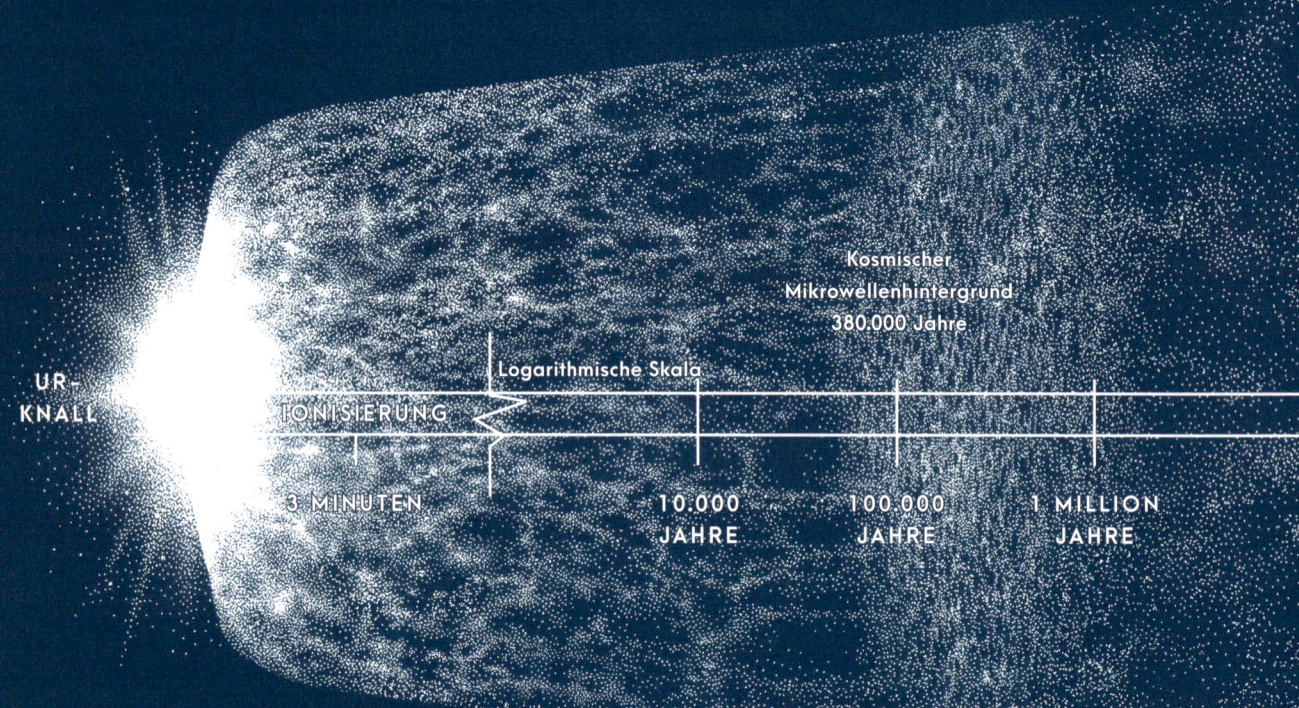

UR-
KNALL

IONISIERUNG

Logarithmische Skala

Kosmischer
Mikrowellenhintergrund
380.000 Jahre

3 MINUTEN

10.000
JAHRE

100.000
JAHRE

1 MILLION
JAHRE

Astronomen sind der Meinung, dass eine Zeitspanne, die
Hunderte von Millionen Jahre umfasste – Reionisierungsepoche
genannt –, begann, als die ersten Sterne und Galaxien Energie
abstrahlten, die Wasserstoffatome (ein Proton, ein Elektron)
in Wasserstoffionen (ein Proton ohne Elektron) umwandelte.
Damals begann die Ära der Galaxien. Wenn Sie dem Diagramm nach rechts folgen, gelangen Sie in die Gegenwart.

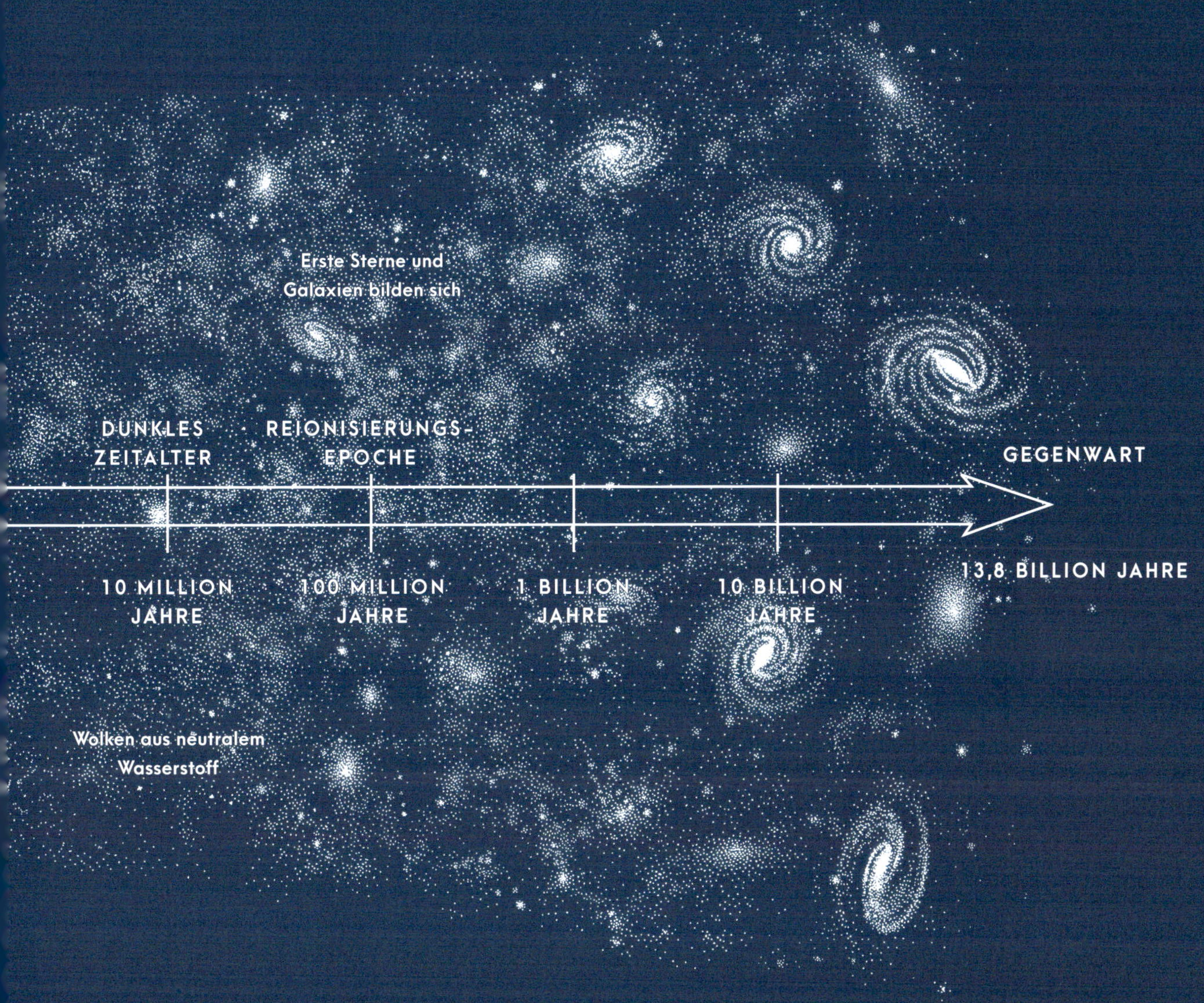

DUNKLES
ZEITALTER

REIONISIERUNGS-
EPOCHE

Erste Sterne und
Galaxien bilden sich

GEGENWART

10 MILLION
JAHRE

100 MILLION
JAHRE

1 BILLION
JAHRE

10 BILLION
JAHRE

13,8 BILLION JAHRE

Wolken aus neutralem
Wasserstoff

sehen wir sie so, wie sie vor langer Zeit waren. Seit 2012 studieren die Astronomen das Hubble Extreme Deep Field mit unglaublich fernen Galaxien. Es wurde in Richtung des Sternbildes Chemischer Ofen sehr lange belichtet. Hier sehen die Wissenschaftler primitive bläuliche Protogalaxien, die sich vor rund 13,2 Milliarden Jahren bildeten, nur 600 Millionen Jahre nach dem Urknall. Diese primitiven Galaxien sind die Saaten, die sich unter dem Einfluss der Gravitation ansammelten und mit der Zeit zu normalen Galaxien wurden. Der fernste bekannte reife Galaxienhaufen, CL J1449+0856, ist mehr als ein Dritteluniversum von uns entfernt, wenn man den Durchmesser des Universums mit 93 Milliarden Lichtjahren ansetzt.

Manche Galaxienhaufen und -superhaufen sind sehr wichtige Labors, die den Astronomen helfen, die Natur der dunklen Materie zu verstehen, der unsichtbaren Materie, die einen erheblichen Teil des Universums ausmacht. Dazu gehören Abell 520, der »Bullet-Cluster« 1E 0657-558, Dragonfly (»Libelle«) 44, El Gordo, MACS J1206.2-0847 und der Pandorahaufen (Abell 2744).

DANN KOMMT DIE SLOAN GREAT WALL

In der vorigen Generation erforschten Astronomen eine Reihe von relativ nahen Galaxiensuperhaufen, unter anderem den Coma-Superhaufen (20 Millionen Lichtjahre entfernt), den Perseus-Pisces-Superhaufen (100 Millionen Lichtjahre), den Hercules-Superhaufen (330 Millionen Lichtjahre) und den Shapley-Superhaufen (400 Millionen Lichtjahre). Der Shapley-Superhaufen liegt in Richtung des Sternbildes Zentaur und enthält die dichteste Sternpopulation in unserer Region des Universums. Der amerikanische Astronom Harlow Shapley berichtete 1930 als Erster über eine ungewöhnlich große Zahl ferner Galaxien in diesem Areal. Jahrzehnte später wiesen die Wissenschaftler nach, dass sich dort ein Superhaufen befindet, und benannten ihn nach dem großen Astronomen.

Allmählich setzten die Astronomen ein Bild des lokalen Universums zusammen. Ende der 1980er-Jahre entdeckte ein Forscherteam am Harvard-Smithsonian Center for Astrophysics, darunter Margaret Geller und John Huchra, die Große Mauer, eine gigantische Wand aus Galaxien, 500 x 200 x 15 Millionen Lichtjahre groß. Eine wichtige Durchmusterung, der Sloan Digital Sky Survey, die 2000 begonnen hatte, identifizierte drei Jahre später eine weitere Mammut-Struktur, die Sloan Great Wall. Sie wurde vom amerikanischen Astronomen J. Richard Gott und seinen Mitarbeitern der Öffentlichkeit vorgestellt. Wieder waren Geller und Huchra an der Entdeckung beteiligt. Die Sloan Great Wall ist mindestens doppelt so groß wie die Große Mauer. Ihre Ausdehnung beträgt rund 1,4 Milliarden Lichtjahre.

LANIAKEA

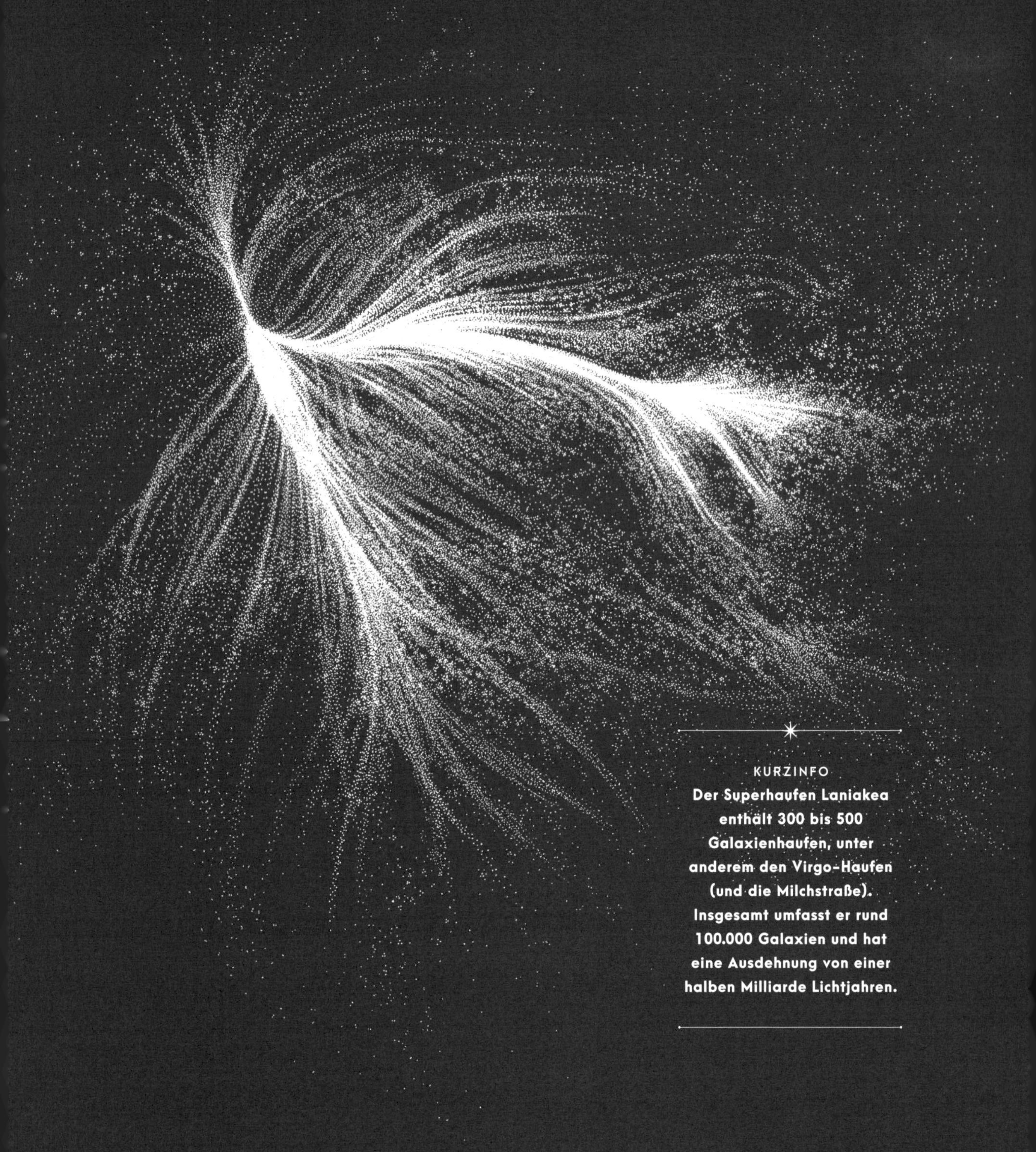

KURZINFO

Der Superhaufen Laniakea
enthält 300 bis 500
Galaxienhaufen, unter
anderem den Virgo-Haufen
(und die Milchstraße).
Insgesamt umfasst er rund
100.000 Galaxien und hat
eine Ausdehnung von einer
halben Milliarde Lichtjahren.

DER GROSSE ATTRAKTOR BETRITT DIE BÜHNE

Ein seltsamer Befund der Durchmusterungen, die in den 1970er-Jahren begannen, war eine Anomalie in der Expansion des Universums. Dank vieler Beobachtungen bemerkten die Astronomen, dass eine große Masse am lokalen Universum zu zerren schien. Offenbar zog sie uns und die benachbarten Galaxien auf einen Punkt in Richtung der Sternbilder Südliches Dreieck und Winkelmaß (auf der Südhalbkugel zu sehen) zu. Das verblüffte die Astronomen lange, sogar dann noch, als sie die gravitative Unregelmäßigkeit den »Großen Attraktor« nannten. Diese Galaxienmasse, die uns zu sich heranzieht, ist etwa 200 Millionen Lichtjahre entfernt.

KURZINFO
Die Galaxie ESO 137–001, die 220 Millionen Lichtjahre entfernt im Sternbild Südliches Dreieck liegt, hat einen Gezeitenschweif, der die höchste bekannte Sternentstehungsrate außerhalb eines Galaxie-Hauptkörpers aufweist.

In den letzten zwanzig Jahren wurde die Geschichte des Großen Attraktors komplexer. Ausgeklügelte Beobachtungen mit Röntgenteleskopen enthüllten, das die Wirkung des Großen Attraktors auf uns etwas geringer ist als angenommen. Eine Galaxienmasse übt in der Tat einen gravitativen Einfluss auf uns in diese Richtung aus, doch er ist nicht so groß, wie die Astronomen vermutet hatten. Heute glauben sie, dass die Galaxien in unserer Nähe von einer größeren, massereichen Struktur angezogen werden, die weiter entfernt ist als der Große Attraktor: vom Shapley-Superhaufen. Und es hat sich herausgestellt, dass das lokale Universum zu einem Superhaufen gehört, der erst in den letzten paar Jahren entdeckt wurde.

EINE ÜBERRASCHENDE ENTDECKUNG: LANIAKEA

Erneut erweiterten Brent Tully und sein Team unser Wissen über das lokale Universum, dieses Mal im Jahr 2014, als sie einen neuen Superhaufen entdeckten. Sie stützten sich dabei auf die relativen Bewegungen von Galaxien, die sie genauer als je zuvor bestimmt hatten. Nachdem sie die lokalen Strukturen gründlich kartiert hatten, identifizierten sie den Laniakea-Superhaufen, benannt nach dem hawaiianischen Wort für »unermesslicher Himmel«.

Der Laniakea-Superhaufen, bisweilen auch Lokaler Superhaufen genannt, enthält rund 100.000 der Galaxien, die uns am nächsten sind, darunter die Lokale Gruppe und die Milchstraße. Obwohl dieser massereiche Haufen jetzt einheitlich durch den Raum wandert, sind nicht alle seine Galaxien gravitativ gebunden. Irgendwann wird sich zumindest ein Teil Laniakeas abspalten.

Astronomen nehmen aber an, dass der Durchmesser Laniakeas etwa 520 Millionen Lichtjahre beträgt. Seine Masse entspricht 100.000 Milchstraßen, und er hat vier Hauptteile: den Virgo-Superhaufen, der fast alle hellen Galaxien an unserem Himmel enthält, darunter die Lokale Gruppe und die Milchstraße; den Hydra-Centaurus-Superhaufen, zu dem der Große Attraktor, der Hydra-Superhaufen (die Antlia-Mauer) und der Centaurus-Superhaufen gehören, den Pavo-Indus-Superhaufen und den Südlichen Superhaufen.

FERNE GALAXIENSUPERHAUFEN

Wir haben den Virgo-Superhaufen recht ausführlich erkundet. Aber was ist mit den anderen?

Mehrere andere Superhaufen umgeben Laniakea: der Shapley-Superhaufen, der Hercules-Superhaufen, der Coma-Superhaufen und der Perseus-Pisces-Superhaufen. Jede dieser Strukturen enthält Hunderte von Galaxienhaufen und -gruppen und ist ins strukturelle Gewebe des Kosmos integriert, getrennt von riesigen Voids. Galaxien bilden Gruppen, Ketten und Filamente, und dort, wo sie es nicht tun, bleibt nur leerer Raum, ein ungeheurer Abgrund aus Finsternis.

Galaxienhaufen bieten auch die Möglichkeit, Objekte zu sehen, die weit hinter ihnen liegen. Ihre Gravitation kann uns als Linse dienen, weil sie das Licht von wirklich fernen Galaxien und Quasaren zu Bildern oder Bogen bündelt, die wir studieren können. Es gibt viele gute Beispiele wie Abell 1689, die Cheshire Cat, SDSS J1531+3414 und MACS J1149.6+2223.

KURZINFO

Neben GNz11 gehören MACS11-49-JD (13,3 Milliarden Lichtjahre entfernt), EGSY8p7 (13,2 Milliarden Lichtjahre) und EGS-zs8-1 (13,1 Milliarden Lichtjahre) zu den am weitesten entfernten Galaxien.

DIE GRÖSSTEN STRUKTUREN DES UNIVERSUMS

Das viele Grübeln über die großräumige Struktur des Universums führte dazu, dass die Astronomen wieder darüber nachdachten, wie die Materie im Kosmos organisiert ist. In relativ kleinem Maßstab gesehen, ist die Materie in Sternen organisiert, und Sterne bilden Galaxien.

Wie wir gesehen haben, verteilen sich Galaxien in zunehmender Größenordnung zu Gruppen, Haufen, Superhaufen, Mauern, Großen Mauern und Filamenten. Nach den ersten großen Galaxiendurchmusterungen glaubten die Astronomen, Superhaufen seien die größten Strukturen. Doch Anfang der 1980er-Jahre fanden sie immer mehr Hinweise auf noch größere Materieansammlungen. Objekte, die man Large Quasar Groups (Große Quasar-Gruppen), kurz LQG nennt, verblüfften die Astronomen zunächst. Im Jahr 1982 entdeckte der schottische Astronom Adrian Webster die Struktur, die später den Namen Webster Large Quasar Group erhielt. Diese Ansammlung von fünf Quasaren erstreckt sich über 330 Millionen Lichtjahre. Quasare sind die energiereichen Zentren junger Galaxien, die von supermassereichen schwarzen Löchern zu enormen Aktivitätsausbrüchen gezwungen werden.

Wir kennen heute fast zwei Dutzend LQG, sie gehören wohl zu den größten Strukturen im Universum. Die 2013 entdeckte U1.27 (auch Huge Large Quasar Group, kurz: Huge-LQG) enthält 73 Quasare und hat einen Durchmesser von 4 Milliarden Lichtjahren.

Die Clowes-Campusano-LQG umfasst 34 Quasare innerhalb einer Struktur, die einen Durchmesser von rund 2 Milliarden Lichtjahren erreicht. Entdeckt haben sie der englische Astronom Roger Clowes und sein chilenischer Kollege Luis Campusano im Jahr 1991. Dieses massereiche Objekt ist rund 9,5 Milliarden Lichtjahre entfernt in Richtung des Sternbildes Löwe und damit dem Huge-LQG einigermaßen nahe. Vielleicht haben beide etwas miteinander zu tun.

Eine andere große Quasar-Gruppe, U1.11, ist noch größer. Wir sehen sie am Himmel, wenn wir in Richtung der Sternbilder Löwe und Jungfrau schauen. Diese seltsame Gruppe enthält 38 Quasare und hat eine Ausdehnung von 2,2 Milliarden Lichtjahren. Die Tatsache, dass junge, sehr energiereiche Galaxien reichlich Strahlung als Quasare emittieren, auf ein Areal wie dieses konzentriert, lässt darauf schließen, dass große Quasar-Gruppen wie U1.11 die Bildung eines Filaments signalisieren.

Die bereits erwähnte Huge LQG bietet den Astronomen nicht nur neue Erkenntnisse, sondern auch eine Art Schlachtfeld. Mit ihren 73 Quasaren und einem Durchmesser von rund 4 Milliarden Lichtjahren ist die Huge LQG eine massereiche Formation im großmaßstäblichen Kosmos. 2013 berichtete

Objekte, die man Large Quasar Groups nennt, verblüfften die Astronomen zunächst.

Clowes über die Entdeckung, und in den folgenden Jahren studierten viele andere Astronomen diese Struktur. Seltsamerweise erklärte Clowes, die Huge LQG verletze anscheinend das kosmologische Prinzip – die Theorie, nach der das Universum homogen, also relativ glatt und einheitlich ist. Die klumpige Natur der Huge LQG fordert diese Auffassung heraus. Allerdings debattieren die Astronomen über die Definition und darüber, ob sie wirklich ein Problem darstellt. Manche bestreiten zudem die Existenz dieser Struktur, doch Clowes und andere Forscher haben weitere Indizien für ihre Existenz vorgelegt.

DIE HERCULES-CORONA BOREALIS GREAT WALL

Ende 2013 entdeckte ein Team aus amerikanischen und ungarischen Astronomen eine massereiche Struktur, die sogenannte Hercules-Corona Borealis Great Wall, nachdem sie in diesem Himmelsareal Gammastrahlenausbrüche (englisch *gamma ray bursts* oder GRB) aufgefangen hatten. Das sind extreme Energieblitze, die man in fernen Galaxien beobachtet hat und die möglicherweise von einer Supernova oder Hypernova – die das Leben eines Sterns beenden – emittiert werden. Der schnell rotierende sterbende Stern kann zu einem Neutronenstern, Quarkstern oder schwarzen Loch werden und Energie in unglaublicher Menge ausstoßen. Astronomen haben in bestimmten Himmelsregionen viel mehr Ausbrüche dieser Art beobachtet, als es statistisch zu erwarten wäre. Das deutet auf die Existenz dieser Struktur hin, die zahlreiche Galaxien enthält und einen Durchmesser von bis zu 10 Milliarden Lichtjahren aufweist.

Sollte die GRB-Wall tatsächlich existieren, wäre sie die größte bekannte Struktur im Universum. Andere große Strukturen ermöglichen ungewöhnliche Einblicke in den Kosmos als Ganzem. Brent Tullys Entdeckung des Pisces-Cetus Supercluster Complex (PCSC) im Jahr 1987 trug dazu bei, die großen Strukturen rund um unseren Virgo-Superhaufen, der Teil des PCSC ist, zu ordnen. Pisces-Cetus ist ein großes Galaxien-Filament, das etwa eine Milliarde Lichtjahre lang und 150 Millionen Lichtjahre breit ist und rund 60 Galaxienhaufen enthält. Der PCSC umfasst fünf Hauptteile: den Pisces-Cetus-Superhaufen, die Perseus-Pegasus-Kette, die Sculptor-Region (einschließlich des Sculptor- und des Hercules-Superhaufens) und den Laniakea-Superhaufen, der den Virgo-Superhaufen (und uns) sowie den Hydra-Centaurus-Superhaufen enthält.

Viele dieser großen Strukturen enthalten sonderbare Galaxien, die die Astronomen noch nicht vollständig verstehen. Dazu gehören Objekte mit Gammastrahlenausbrüchen, Doppelquasare, verformte Schweife, Galaxien, die Sterne ausstoßen, und extrem lichtschwache Galaxien.

Das Universum ist so groß, dass es schwer zu verstehen ist. Die Ausmaße unseres Sonnensystems können wir ziemlich genau bestimmen. Wir können die Entfernungen zwischen der Sonne und den Planeten auf einem Blatt Papier messen, und wir können uns auch den Rand unseres Sonnensystems sowie die enorme Entfernung bis zur Oortschen Wolke und sogar die Größe der Milchstraße vorstellen.

Falls die Hercules-Corona Borealis Great Wall existiert, wäre sie die größte bekannte Struktur im Universum.

Aber es verschlägt uns den Atem, wenn wir versuchen, uns die Galaxien in unserer Umgebung und den Virgo-Haufen vorzustellen. Einerseits fühlen wir uns angesichts der gewaltigen Ausmaße des Universums klein und unbedeutend, denn wir leben nur kurz in einer unglaublich kleinen Ecke des Kosmos. Andererseits sind wir aus Sternenstaub gemacht und vernunftbegabt, und das verleiht uns eine erstaunliche Macht, die ebenfalls schier unbegreiflich ist.

SCHWARZE LÖCHER – ALLGEGENWÄRTIG IM KOSMOS

Wie genau sehen schwarze Löcher aus? Es gibt sie in vielen Größen, zumindest nehmen wir das an. Stellare schwarze Löcher wie Cygnus X-1 haben etwa fünfmal so viel Masse wie die Sonne. Dennoch sind sie mit ihrem Durchmesser von nur etwa 20 Kilometern klein und natürlich schwarz. Sie sind so klein, dass wir ein schwarzes Loch, das so weit entfernt ist wie der sonnennächste Stern, nämlich 4 Lichtjahre, nicht aufspüren können, es sei denn, es interagiert mit einem Begleitstern und stört dessen Bahn. Astronomen kennen etwa zwei Dutzend stellare schwarze Löcher in der Milchstraße, aber es gibt mit Sicherheit noch viele andere.

Stellare schwarze Löcher werden in mehrere Typen eingeteilt. Alle ziehen Materie in ihr dichtes Zentrum und versperren dem Kosmos den Zugang zu ihr. Manche rotieren, andere nicht. Ein schwarzes Loch nach der Schwarzschild-Lösung ist statisch, ohne Spin und Magnetfeld. Benannt

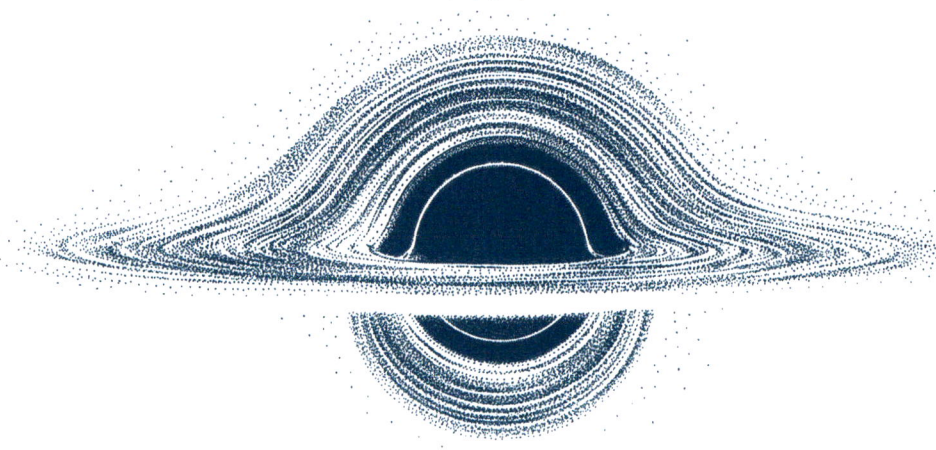

Diese Simulation vermittelt einen realistischen Eindruck von der Akkretionsscheibe eines schwarzen Lochs einschließlich seiner lichtablenkenden Wirkung.

wurde dieser Typ nach dem deutschen Physiker und Astronomen Karl Schwarzschild, einem Freund Einsteins, der die Allgemeine Relativitätstheorie studierte und jung starb, kurz nachdem er im Ersten Weltkrieg gedient hatte. Ein schwarzes Loch nach der Kerr-Lösung rotiert und besitzt sowohl einen Spin als auch ein Magnetfeld. Dieser Typ wurde nach dem neuseeländischen Mathematiker Roy Kerr benannt, der sich ebenfalls mit der Relativitätstheorie beschäftigt hatte. Ein schwarzes Loch nach der Reissner-Nordström-Lösung hat keinen Spin, aber ein Magnetfeld. Es wurde nach seinen deutschen und finnischen Entdeckern benannt.

Es müsste auch schwarze Löcher geben, die eine viel geringere Masse haben als stellare schwarze Löcher. Um beispielsweise die Erde in ein schwarzes Loch zu verwandeln, müsste man sie auf die Größe einer Weinbeere zusammenpressen. Intermediäre schwarze Löcher mit einer Masse zwischen den stellaren und den supermassereichen schwarzen Löchern müsste es ebenfalls geben. Sie hätten die Masse von einer Million bis 100 Millionen Sonnen. In den Zentren der Galaxien dominieren die supermassiven schwarzen Löcher; sie haben die Masse von Hunderttausenden

KURZINFO

Die Galaxie mit dem massereichsten bekannten schwarzen Loch ist TON 618, ein Quasar, der sich 3,2 Milliarden Lichtjahre entfernt in den Jagdhunden befindet. Sein zentrales schwarzes Loch hat rund 66 Milliarden Sonnenmassen.

bis mehreren Milliarden Sonnen. Dennoch sind sie nur etwa so groß wie unser Sonnensystem und besitzen einen Spin und ein Magnetfeld. Eine wichtige Studie der Astronomen John Kormendy und Luis C. Ho aus dem Jahr 2013 zählt 85 Galaxien auf, bei denen es Indizien für ein zentrales supermassereiches schwarzes Loch gibt. Die beiden Forscher stützten sich dabei auf eine dynamische Modellierung der Bewegungen von Objekten, die die Zentren umrunden. Mithilfe dieser Daten fanden sie eine Korrelation zwischen der Masse eines zentralen schwarzen Lochs und dem zentralen Bulge der Galaxie, dem hellsten Bereich, der den Kern umgibt. Sie vermuten, dass das zentrale schwarze Loch einer Galaxie und deren zentraler Bulge zusammenwachsen, wobei der Bulge einen Teil der Materie an sich reißt, die um das schwarze Loch herumschleudert, aber nicht hineinfällt.

KURZINFO

Unter den Galaxien, die Hobbyastronomen beobachten können, hat NGC 4889 im Coma-Haufen das massereichste schwarze Loch. Es hat rund 20 Milliarden Sonnenmassen.

Da supermassereiche schwarze Löcher viel größer sind als stellare schwarze Löcher, sind sie auch viel länger aktiv. Sie verändern sich mit der Zeit, während wir immer nur einen kosmischen Schnappschuss von ihnen sehen. Viele supermassereiche schwarze Löcher machen Phasen hoher Aktivität durch, wenn Materie in sie hineinfällt und sie kurz aktiv werden. Anschließend fallen sie wieder für lange Zeit in den Winterschlaf. Wir sehen sie nur dann in Aktion, wenn wir den richtigen Zeitpunkt erwischen. Unter den vielen Beispielen dafür sind M74, M82, NGC 1032 und NGC 6240.

Die Teile eines schwarzen Lochs verdeutlichen, wie diese seltsamen Geschöpfe funktionieren. Das Zentrum ist die Singularität, in der Materie unendlich dicht und die Raumzeit unendlich gekrümmt ist. Die Physik, an die wir gewöhnt sind, ist in der Singularität außer Kraft gesetzt. Alles, was in die Singularität fällt, wird zermalmt und der Masse des schwarzen Lochs hinzugefügt. Vor diesem Punkt befindet sich der Ereignishorizont, die Grenze in der Raumzeit, jenseits derer Licht und Materie unweigerlich in das schwarze Loch fallen und nicht mehr entkommen können.

Ein rotierendes schwarzes Loch hat eine Ergosphäre, eine Region knapp außerhalb des schwarzen Lochs, in der es zum Frame-Dragging-Effekt kommt: Dort zieht das rotierende schwarze Loch die Raumzeit mit Überlichtgeschwindigkeit mit. Würden Sie sich einem rotierenden schwarzen Loch nähern, könnten Sie das nicht sehen; aber der Effekt dreht die Raumzeit um das schwarze Loch herum wie ein Rührbesen den Teig. Das Wort »Ergosphäre« ist vom griechischen *ergon* (Arbeit) abgeleitet, weil es möglich ist, dieser Region Energie und Masse zu entziehen. Das schwarze Loch und die Ergosphäre sind von einer Photonensphäre umgeben, einer Region, in der Photonen auf instabilen Kreisbahnen um das schwarze Loch herum rasen, anstatt sich geradlinig zu bewegen, wie sie es normalerweise tun. Dadurch entsteht ein »Schatten« mit dem Umriss des schwarzen Lochs.

Was würde geschehen, wenn Sie in ein schwarzes Loch fielen? Die Antwort hängt vom Typ des schwarzen Lochs ab.

Weiter draußen bildet sich eine Akkretionsscheibe um das schwarze Loch herum. Sie besteht aus Materie in einem ungerichteten Halo, der sich spiralig um das schwarze Loch herum bewegt und allmählich hineinfällt. Materie-Jets können ebenfalls mit annähernder Lichtgeschwindigkeit vom schwarzen Loch weggeschleudert werden. Eine der großen Fragen der Science-Fiction lautet: Was würde geschehen, wenn Sie in ein schwarzes Loch fielen? Nun, die Antwort hängt vom Typ des schwarzen Lochs ab. Kleinere schwarze Löcher sind sogar gefährlicher. Wenn Sie mit den Füßen nach vorne in den Ereignishorizont eines schwarzen Lochs mit zehn Sonnenmassen fielen, würden Sie vertikal gestreckt, seitwärts zerquetscht und in einen Faden aus Teilchen umgeformt – »spaghettisiert« – werden.

Wenn Sie jedoch in ein supermassereiches schwarzes Loch im Zentrum einer Galaxie fielen, wäre die Situation völlig anders – hypothetisch natürlich. Die Gravitation eines schwarzen Lochs mit einer Million Sonnenmassen hat eine ganz andere Wirkung; sie würde es Ihnen ermöglichen, sicher den Ereignishorizont zu erreichen. Wahrscheinlich würden Sie gar nicht merken, dass sie den Ereignishorizont überquert hätten. Freunde, die Sie von außen beobachten, würden ebenfalls nichts davon merken – sie würden sehen, dass Sie immer langsamer werden und außerhalb des Ereignishorizonts in der Schwebe bleiben. Allerdings würden Sie trüber und röter werden und schließlich verschwinden. Dann hätten Sie Ihre Freunde für immer verlassen, denn die Singularität würde Sie zermalmen.

KURZINFO
Im Jahr 2019 fotografierten Astronomen die Emission rund um das schwarze Loch in M87, das die Masse von 6 Milliarden Sonnen hat.

DER TRAUM VON DER ZEITREISE

Die einst akademische Vorstellung, durch ein schwarzes Loch reisen zu können, wurde zu einem beliebten Thema der Science-Fiction, nachdem der amerikanische theoretische Physiker John Archibald Wheeler den Begriff »Wurmloch« geprägt hatte. Er vermutete, dass manche schwarzen Löcher vorübergehend Tunnel öffnen, die sich als Abkürzungen eignen, wenn wir von einem Punkt im Universum zu einem anderen reisen wollen. Damit begründete er eine ganze Spaßindustrie.

Doch Stephen Hawking erinnerte uns daran, dass Zeitreisen in der Praxis wohl nicht möglich sind. »Wenn jemand versucht, eine Zeitmaschine zu bauen«, schrieb er, »einerlei, welches Material er für seinen Versuch benutzt (ein Wurmloch, einen rotierenden Zylinder, einen kosmischen String oder was auch immer), kurz bevor die Apparatur zu einer Zeitmaschine wird, kreist ein Strahl aus Vakuumfluktuationen durch die Apparatur und zerstört sie.«

MARKARIAN 231

Ein Quasar mit einem doppelten schwarzen Loch

Die Intensität des Lichts, das von Quasaren ausgeht, ist enorm.
Sie emittieren gewaltige Strahlenmengen und schleudern sie
von der Akkretionsscheibe ihres schwarzen Lochs nach außen.
Der nächste Quasar ist Markarian 231, eine Galaxie, die
580 Millionen Lichtjahre entfernt im Großen Bären liegt. Diese
Zeichnung stellt das doppelte schwarze Loch dar, das sich im
Herzen der Galaxie befindet und eine ringförmige Scheibe
erzeugt.

Heute befindet sich das Projekt, schwarze Löcher zu entdecken, die wie Motoren ganze Galaxien antreiben, in einer neuen Phase. Kip Thorne bezeichnet kollidierende schwarze Löcher als »die am stärksten strahlenden Objekte im Universum – aber ohne Licht!« Wenn schwarze Löcher verschmelzen, wenn sie also durch gewaltige gravitative Kräfte zusammengezogen werden und in einer galaktischen Schlacht aufeinanderprallen, sollten sie Gravitationswellen in enormer Zahl hervorrufen, Wellen in der Raum-Zeit-Krümmung, die durch den Kosmos wandern und mit Spezialinstrumenten nachweisbar sind.

Im Jahr 1992 gründeten Thorne und seine Mitarbeiter das Laser Interferometer Gravitational-Wave Observatory (LIGO) mit Einrichtungen in Hanford, Washington, und Livingston, Louisiana, und begannen ein komplexes physikalisches Experiment, um Gravitationswellen nachzuweisen. Anfang 2016 gab es einen historischen Durchbruch: LIGO-Wissenschaftler hatten zum ersten Mal Gravitationswellen registriert, deren Ursprung die Kollision zweier schwarzer Löcher war – eine Sensation und eine weitere Bestätigung dafür, dass Einsteins Relativitätstheorie richtig ist und dass er schwarze Löcher korrekt vorhergesagt hat.

KURZINFO

Die seltsame Galaxie 4C+37.11, die 750 Millionen Lichtjahre entfernt im Perseus liegt, enthält ein doppeltes schwarzes Loch in ihrem Kern, und die beiden schwarzen Löcher sind nur 24 Lichtjahre voneinander entfernt, so knapp wie nirgendwo sonst.

Der eigentliche Nachweis erfolgte im September 2015, als eine Gravitationswelle, hervorgerufen durch die Verschmelzung von zwei fernen schwarzen Löchern, an der Erde vorbeizog. Die schwarzen Löcher hatten ungefähr die Massen von 36 und 29 Sonnen und waren rund 1,3 Milliarden Lichtjahre entfernt. Das »Zwitschern« – das Signal, das die erfolgte Registrierung anzeigte – dauerte 0,2 Sekunden. LIGO hat seither weitere Gravitationswellen nachgewiesen, und andere Forscher werden diesem Beispiel zweifellos folgen.

Die Evolution unseres Wissens über schwarze Löcher hat eine lange Geschichte. Als ich 1982 Mitarbeiter der Zeitschrift *Astronomy* wurde, waren schwarze Löcher im Wesentlichen ein Gerücht. Postuliert worden waren sie seit Anfang der 1970er-Jahre, doch klare Beweise für sie gab es erst 1990. Gegen Ende dieses Jahrzehnts begannen die Astronomen zu verstehen, wie weit verbreitet schwarze Löcher als »zentrale Motoren« der meisten Galaxien sind, und erkannten, dass Galaxien im Anfangsstadium des Kosmos viel gewalttätiger und energiereicher waren. Allmählich wurde klar, wie Galaxien sich im Laufe von Milliarden von Jahren entwickelt haben. Galaxien machen eine Evolution durch und ändern dabei ihren Charakter auf dramatische Weise.

Gegenüber ARP 248: DAS FERNE GLÜHEN VON
WILDS TRIPLETT

Diese Gruppe aus drei lichtschwachen
Galaxien im Sternbild Jungfrau ist 225
Millionen Lichtjahre entfernt. Diese
Fotografie ist ein Standbild eines langen
kosmischen Tanzes. Die Gezeitenschweife
der hellsten Galaxie bilden eine scheinbare
Brücke zum Rand der anderen beiden
Galaxienscheiben.

Oben ESO 243-49 UND IHRE EXTREM LEUCHTKRÄFTIGE
RADIOQUELLE

Die sonderbare, schräg stehende Galaxie ESO 243-
49 liegt 290 Millionen Lichtjahre entfernt im Sternbild
Phoenix. Im Inneren dieser Galaxie haben Astronomen
eine hyperleuchtkräftige Röntgenquelle, HLX-1, entdeckt,
die ein ungewöhnlicher Typ eines schwarzen Lochs sein
könnte: ein schwarzes Loch mit intermediärer Masse. Die
Intensität der Röntgenstrahlen und das Spektrum des
Objekts deuten darauf hin, dass ein junger, heißer Haufen
aus blauen Sternen mit einem Durchmesser von rund 250
Lichtjahren dieses schwarze Loch umgibt. Die Masse des
schwarzen Lochs dürfte 100 bis 100.000 Sonnenmassen
entsprechen.

EINE MONSTERGALAXIE, ANGETRIEBEN VON EINEM
SCHWARZEN LOCH

Eine gigantische elliptische Galaxie mit der Bezeichnung
A2261–BCG liegt im Herzen von Abell 2261, einem
Galaxienhaufen im Hercules, etwa 3 Milliarden Lichtjahre entfernt. Sie hat die größte Kernregion aller bisher beobachteten Galaxien, einen Durchmesser von
rund 10.000 Lichtjahren und wird von einem Paar super-
massereicher schwarzer Löcher mit Energie versorgt, was
möglicherweise eine Sternbildung in der Zentralregion der
Galaxie in Gang gesetzt hat.

AM 0644–741: EIN GALAKTISCHES ZUGUNGLÜCK MIT
RINGEN

Diese sehr sonderbare Galaxie mit der Katalognummer
AM 0644–741 liegt 300 Millionen Lichtjahre entfernt im
südlichen Sternbild Fliegender Fisch. Sie ist ein gutes
Beispiel für eine Polarring-Galaxie, die ein Eindringling
(hier nicht sichtbar) frontal durchbrach – ein kosmisches
Zugunglück. Die Kollision verursache den glühenden
Ring aus bläulichen Sternen und Gas, der den inneren
gelblichen Kern umgibt. Der Ring hat einen Durchmesser
von 130.000 Lichtjahren – mehr als die Milchstraße.

Vorherige Seite JUNGE STERNE ÜBERSÄEN DIE KLEINE
MAGELLANSCHE WOLKE

Die embryonischen, noch in Formung begriffenen
Sterne sehen aus, als wären sie in einen bläulichen
Mantel aus Gasnebeln gehüllt. Dieses Bild des
Hubble Weltraumteleskops zeigt einen Teil der
Kleinen Magellanschen Wolke. Der Nebel, NGC 346
genannt, ist der hellste in der Satellitengalaxie
und besteht aus Gaswolken, die unter dem Druck
der Gravitation kollabieren.

Gegenüber FORNAX A: EIN KOSMISCHES
STAUBKANINCHEN

Die seltsame, verformte Galaxie NGC 1316, als
Fornax A bekannt, weil sie eine Radioquelle
ist, besteht aus einer extrem chaotischen
Balkenspiralgalaxie, die eher wie eine Ellipse
aussieht. Die Galaxie ist anscheinend das
Produkt wiederholter Verschmelzungen vor rund
3 Milliarden Jahren. Die starke Radioemission
stammt aus einem mächtigen zentralen schwarzen
Loch. Die Staubbänder im Umkreis dieser Galaxie
sind Zeugen zerstörerischer Kräfte in ihrem
Inneren. Fornax A ist 62 Millionen Lichtjahre
entfernt.

Oben DIE GEBURT EINER WINZIGEN GALAXIE

Dieses Bild von POX 186, einer winzigen Galaxie
in der Jungfrau, zeigt, wie unglaublich stark das
Hubble-Weltraumteleskop ist. Die Galaxie ist 69
Millionen Lichtjahre entfernt. Dieses ungewöhnliche
Objekt ist eine kompakte blaue Zwerggalaxie mit
blauen Sternen und winzigem Durchmesser. POX
186 hat eine Ausdehnung von nur 900 Lichtjahren,
weniger als ein Prozent der Größe unserer
Milchstraße. Die Tatsache, dass diese Galaxie so
jung ist und sich eben erst bildet, lässt darauf
schließen, dass sich einige spätblühende, kleine
Galaxien im Laufe der Existenz des Universums als
Letzte bilden.

Unten EINE SPIRALGALAXIE STÖSST EINEN
GEWALTIGEN JET AUS

Fast alle Galaxien mit unglaublich energiereichen
zentralen Löchern, die aus ihrem Zentrum wütend
Jets spucken, sind riesige Ellipsen. Astronomen
haben mit dem Hubble-Weltraumteleskop eine
Spiralgalaxie, 0313-192, aufgenommen, die solche
mächtigen Jets ausstößt. Diese Galaxie liegt eine
Milliarde Lichtjahre entfernt im Eridanus und ist für
Astronomen ein Studienobjekt neuer Art.

Gegenüber EINE TASCHE DER STERNBILDUNG IN
DER GROSSEN MAGELLANSCHEN WOLKE
**Die Region aus Gas- und Staubwirbeln, LH 95
genannt, liegt in der Großen Magellanschen
Wolke, der Satellitengalaxie der Milchstraße,
und ist rund 163.000 Lichtjahre entfernt. Ein
bläulicher Dunstschleier bedeckt massereiche
neugeborene Sonnen und junge Sterne mit
geringer Masse.**

Oben NGC 4214: EINE ZWERGGALAXIE, HELL
ERLEUCHTET VON STERNEN UND GAS
**Die unregelmäßige Zwerggalaxie NGC 4214
in den Jagdhunden ist nur 10 Millionen Lichtjahre entfernt, sodass sie wichtige Details
enthüllt. Sie ist eine größere, hellere Version der Kleinen Magellanschen Wolke und
enthält ein Labor aus hellen rosafarbenen
Gaswolken, blendenden blauen Sternhaufen und andere Indizien für neue
Sternentstehungsausbrüche.**

Oben 3C 321: WECHSELWIRKENDE GALAXIEN
MIT EINEM ENERGIEREICHEN SCHWARZEN
LOCH

Das System aus ineinander verschlungenen
Galaxien, 3C 321, ist eine Radioquelle
und liegt 1,2 Milliarden Lichtjahre entfernt
im Sternbild Schlange. Der unglaubliche
Jet – auf dem Foto blau – wird von einem
supermassereichen schwarzen Loch mit
Energie versorgt. Die Entfernung zwischen
den Galaxien beträgt 20.000 Lichtjahre, und
der Jet erstreckt sich noch weiter in den
Raum hinaus.

Gegenüber DIE GALAKTISCHE ROSE ARP 273
ARP 273 (die Nummer stammt aus Halton
Arps Katalog wechselwirkender Galaxien)
besteht aus einem Paar gravitativ
gebundener Galaxien, das 300 Millionen
Lichtjahre entfernt im Sternbild Andromeda
liegt. Die größere, die mit eleganten Armen
versehene UGC 1810, besitzt eine Scheibe,
die der gravitative Sog der schräg stehenden
Galaxie UGC 1813 zu einer Rose verformt
hat.

TANZENDE GALAXIEN ERZEUGEN EINEN NEUEN
STARBURST
**Die Galaxiengruppe Hickson 31 besteht aus
Zwerggalaxien, die 166 Millionen Lichtjahre
entfernt sind. Sie vermitteln uns ein Bild von
mehreren Galaxien, deren Wechselwirkungen
neue Haufen aus heißen blauen Sternen
erzeugen.**

Oben DIE SELTSAME, VERFORMTE
INTEGRALZEICHEN-GALAXIE
UGC 3697, auch als Integralzeichen-
Galaxie bekannt, ist ein verformtes Objekt,
das 150 Millionen Lichtjahre entfernt im
Sternzeichen Giraffe liegt. Astronomen
glauben, dass die ungewöhnlichen, mit
Schnörkeln verzierten Ränder der Galaxie
die Folge einer Wechselwirkung mit einer
nahe gelegenen Zwerggalaxie sind.

Umseitig HUBBLE ZEIGT DEN KERN DER
GALAXIE MIT VIELEN DETAILS
Ein Kombinationsbild des Milchstraßenzentrums, mit Infrarotlicht aufgenommen,
zeigt massereiche Sterne und heiße, ionisierte
Gaswirbel in der Region, die 300 Lichtjahre
vom Kern unserer Galaxis entfernt ist. Dieses
schärfste Bild aller Zeiten des Zentrums
unserer Galaxis enthüllt Objekte, die so
klein sind wie der zwanzigfache Durchmesser
unseres Sonnensystems.

241

LITERATURVERZEICHNIS

Alfaro, Emilio J., Enrique Perez und Jose Franco, Hrsg. How Does the Galaxy Work? A Galactic Tertulia with Don Cox and Ron Reynolds. Boston: Kluwer Academic Publishers, 2004.

Appenzeller, Immo. High-Redshift Galaxies: Light from the Early Universe. New York: Springer-Verlag, 2009.

Arp, Halton Catalogue of Discordant Redshift Associations. Montreal: Apeiron Montreal, 2003.

Ebd. Quasars, Redshifts, and Controversies. Berkeley, Calif.: Interstellar Media, 1987.

Ebd. Seeing Red: Redshifts, Cosmology, and Academic Science. Montreal: Apeiron Montreal, 1998.

Combes, Francoise. Mysteries of Galaxy Formation. New York: Springer-Verlag, 2010.

Ferris, Timothy. Galaxies. New York: Stewart, Tabori und Chang, 1982.

Hodge, Paul. Atlas of the Andromeda Galaxy. Seattle, Wash.: University of Washington Press, 1981.

Ebd. Galaxies. Cambridge, Mass.: Harvard University Press, 1986.

Hubble, Edwin. The Realm of the Nebulae. New Haven, Conn.: Yale University Press, 2013.

Jones, Mark H., Robert J. A. Lambourne und Stephen Serjeant, Hrsg. An Introduction to Galaxies and Cosmology. 2. Aufl. New York: Cambridge University Press, 2015.

Keel, William C. The Road to Galaxy Formation. New York: Springer-Verlag, 2002.

Mackie, Glen. The Multiwavelength Atlas of Galaxies. New York: Cambridge University Press, 2011.

Mulchaey, John S., Alan Dressler und Augustus Oemler, Hrsg. Clusters of

Galaxies: Probes of Cosmological Structure and Galaxy Evolution. New York: Cambridge University Press, 2004.

Peterson, Bradley M. An Introduction to Active Galactic Nuclei. New York: Cambridge University Press, 1997.

Sandage, Allan, Mary Sandage und Jerome Kristian, Hrsg. Galaxies and the Universe. Chicago: University of Chicago Press, 1975.

Saviane, I., V. D. Ivanov und J. Borissova, Hrsg. Groups of Galaxies in the Nearby Universe. New York: Springer-Verlag, 2007.

Schneider, Peter. Extragalactic Astronomy and Cosmology: An Introduction. New York: Springer-Verlag, 2006.

Schultz, David. The Andromeda Galaxy and the Rise of Modern Astronomy. New York: Springer-Verlag, 2012.

Sheehan, William und Christopher J. Conselice. Galactic Encounters: Our Majestic and Evolving Star-System, From the Big Bang to Time's End. New York: Springer-Verlag, 2015.

Sparke, Linda und John S. Gallagher. Galaxies in the Universe: An Introduction. New York: Cambridge University Press, 2000.

Struck, Curtis. Galaxy Collisions: Forging New Worlds from Cosmic Crashes. New York: Springer-Verlag, 2011.

Waller, William H. The Milky Way: An Insider's Guide. Princeton, N.J.:

Princeton University Press, 2013.

Ebd. und Paul W. Hodge. Galaxies and the Cosmic Frontier. Cambridge, Mass.: Harvard University Press, 2003.

Wray, James D. The Color Atlas of Galaxies. New York: Cambridge University Press, 1988.

BILDNACHWEIS

Seite 2–3: NASA, ESO, NAOJ, Giovanni Paglioli, R. Colombari und R. Gendler

Seite 4–5: P. Horálek und ESO

Seite 6: NASA und das Hubble Heritage Team (AURA/STScI)

Seite 10–11: Tony Hallas

Seite 12: NASA, ESA, Z. Levay und R. van der Marel (STScI), T. Hallas und A. Mellinger

Seite 16–17: Yuri Beletsky/Las Campanas Observatory/Carnegie Institution

Seite 20: Bilder mit freundlicher Erlaubnis der Carnegie Observatories/Cindy Hunt

Seite 26: NASA, ESA, P. van Dokkum (Yale University), S. Patel (Universität Leiden) und 3D-HST Team

Seite 35: SSRO-South (S. Mazlin, J. Harvey, D. Verschatse und R. Gilbert) und K. Ivarsen (UNC/CTIO/PROMPT)

Seite 36–37: NASA, JPL–Caltech

Seite 38–39: NASA, ESA, J. Dalcanton, B. F. Williams und L. C. Johnson (University of Washington), das PHAT-Team und R. Gendler

Seite 40–41: Tony Hallas

Seite 42: Adam Block, Mount Lemmon SkyCenter, University of Arizona

Seite 43: Don Goldman

Seite 44–45: NASA und das Hubble Heritage Team (STScI/AURA)

Seite 46: ESA, NASA und P. Anders (Galaxy Evolution Group der Universität Göttingen)

Seite 47: NASA und das Hubble Heritage Team (STScI/AURA)

Seite 48–49: NASA, ESA und das Hubble Heritage Team (STScI/AURA)

Seite 50: Adam Block, Mount Lemmon SkyCenter, University of Arizona

Seite 51: Adam Block, Mount Lemmon SkyCenter, University of Arizona

Seite 52: Hubble Legacy Archive, ESA, NASA/Robert Colombari

Seite 53 (oben): Adam Block

Seite 53 (unten): NASA, ESA und D. Maoz (Tel-Aviv University und Columbia Universität Tel-Aviv und Columbia University)

Seite 54–55: R. Jay GaBany

Seite 56: Adam Block

Seite 57: Hubble Legacy Archive, ESA, NASA, Martin Pugh

Seite 58 (oben und unten): Adam Block

Seite 59: Warren Keller

Seite 60–61: Adam Block

Seite 62: ESO, INAF-VST, Omegacam

Seite 63: Adam Block

Seite 64: P.-A. Duc (CEA, CFHT), Atlas 3D Collaboration

Seite 65: Subaru Telescope (NAOJ), Hubble Space Telescope, Robert Gendler

Seite 66: Chart32 Team/Johannes Schedler

Seite 67: Subaru Telecsope (NAOJ) und Robert Gendler

Seite 68: NASA, ESA, A. Gal-Yam (Weizmann Institute)

Seite 69: Hubble Legacy Archive, ESA, NASA und Bill Snyder

Seite 70: NASA und das Hubble Heritage Team (STScI/AURA)

Seite 71: NASA, ESA und das Hubble Heritage Team (STScI/AURA)–ESA/Hubble Collaboration und W. Keel (University of Alabama)

Seite 72–73: NASA, ESA und das Hubble Heritage Team (STScI/AURA)–ESA/Hubble Collaboration

Seite 88–89: Yuri Beletsky/Las Campanas Observatory/Carnegie Institution

Seite 90–91: P. Horalek/Eso

Seite 92: Yuri Beletsky/Las Campanas Observatory/Carnegie Institution

Seite 93: Eso

Seite 94–95: NASA, SWIFT, S. Immler (Goddard) und M. Sigel (Penn State); Axel Mellinger (CMU)

Seite 96: Bernhard Hubl

Seite 97: ESO/VISTA VMC

Seite 98–99: Jason Jennings

Seite 230: Adam Block

Seite 231: NASA, ESA und S. Farrell (Sydney Institute for Astronomy, University of Sydney)

Seite 232 (oben): NASA, ESA, M. Postman (STScI), T. Lauer (NOAO) und das Clash Team

Seite 232 (unten): NASA, ESA und das Hubble Heritage Team

Seite 233: NASA, ESA und A. Nota (STScI)

Seite 234: NASA, ESA und das Hubble Heritage Team (STScI/AURA)

Seite 235 (oben): NASA und Michael Corbin (CSC/STScI)

Seite 235 (unten): W. Keel (University of Alabama), M. Ledlow (Gemini Observatory), F. Owen (NRAO), AUI, NSF, NASA

Seite 236: NASA, ESA und das Hubble Heritage Team (STScI/AURA), ESA/Hubble Collaboration

Seite 237: NASA, ESA und das Hubble Heritage Team (STScI/AURA), ESA/Hubble Collaboration

Seite 238: NASA/CXC/CfA/D. Evans et al., NASA/STScI/NSF/VLA/CfA/D. Evans et al., STFC/JBO/MERLIN

Seite 239: NASA, ESA und das Hubble Heritage Team (STScI/AURA)

Seite 240: NASA, ESA, J. English (U. Manitoba)

Seite 241: Don Goldman

Seite 242–43: NASA, ESA und Q. D. Wang (University of Massachusetts, Amherst)

Seite 250: FORS, 8.2-METER VLT ANTU, ESO

DANKSAGUNG

Wie bei jedem Buchprojekt haben viele Menschen mit ihren Talenten und ihrem Rat zu meinem Buch beigetragen, zusätzlich zum Schreiben und Zusammenstellen. Aber für alle Mängel in diesem Buch bin ich verantwortlich. Einigen großzügigen Menschen, die mir halfen, dieses Buch herauszubringen, möchte ich hiermit danken. Zunächst meiner Familie, Lynda Eicher und Chris Eicher, die dieses Projekt wie immer von Anfang an unterstützt haben. Angelin Borsics und Jenni Zellner, meine hervorragenden Lektorinnen bei Clarkson Potter, halfen mir vom ersten Tag an, dem Buch Form zu geben, und der Rest des Teams arbeitete hart, um seinen Erfolg zu gewährleisten: die Designerin Mia Johnson, die Illustratorin Irene Laschi, die Produktionsleiterin Joyce Wong und der Produktionsleiter Phil Leung. Meine Agentin Jennifer Weltz war eine ergiebige Quelle, wenn ich Rat und Ideen brauchte, ebenso Laura Biagi, die ursprüngliche Agentin in meiner Firma, bevor sie zu neuen Abenteuer aufbrach.

Vielen Dank an einen der weltweit führenden Experten für Galaxien, Jay Gallagher, von der University of Wisconsin, der freundlicherweise das Vorwort zu diesem Buch schrieb. Jays Wissen über die Galaxienforschung reicht weit hinter die ersten Tage unserer Bekanntschaft zurück, bis in die 1980er-Jahre, als er im Lowell Observatory arbeitete.

Ich bedanke mich für die großzügige Hilfe mehrerer Leute bei Kalmbach Media, den Herausgebern der Zeitschrift *Astronomy*. Michael Bakich half, Bilder zu finden und zu sichten. Er besitzt einen Berg fantastischer Fotos, die er von Amateurastronomen aus der ganzen Welt bekommt. Dank gebührt auch Steve George und Becky Lang, die mir freundlicherweise erlaubten, einige Diagramme zu verwenden, die zuerst in *Astronomy* und *Discover* erschienen.

Danken möchte ich auch mehreren Freunden für ihre Ermutigung, ihren Rat und ihre Expertise; sie halfen mir, als ich an mehreren Projekten gleichzeitig arbeitete. Dazu gehören Richard Dawkins, Garik Israelian, Brian May, Robin Rees, Brian Skiff und Glenn Smith. Ich danke Timothy Ferris für sein Buch Galaxies, das 1980 herauskam und mich inspirierte, »irgendwann« ebenfalls über dieses Thema zu schreiben.

Zu Dank verpflichtet bin ich der äußerst großzügigen Cynthia Hunt von den Carnegie Observatories. Sie schickte mir die Originalfotos der Andromeda-Galaxie, die Edwin Hubble 1923 knipste.

Zu guter Letzt möchte ich den großzügigen Fotografen danken, die mir erlaubten, ihre Bilder in diesem Buch zu verwenden. Die Qualität der Galaxienfotos, die von Hobbyastronomen aufgenommen wurden, ist im letzten Jahrzehnt erheblich besser geworden, und ich bin stolz darauf, dass ich von ihren Aufnahmen Gebrauch machen durfte. Zu diesen heldenhaften Fotokünstlern gehören Adam Block, Ken Crawford, Thomas V. Davis, Bob Fera, R. Jay GaBany, Don Goldman, Dietmar Hager, Tony Hallas, Mark Hanson, Bernhard Hubl, Jason Jennings, Warren Keller, Jack Newton, Gerald Rhemann und Chris Schur.

251

REGISTER

2df Galaxy Redshift Survey 157
3C 273 120 f., 123 f, 212
3-kpc-Arm 80
100-Zoll-Hooker-Teleskop 19-21

A

Airglow (Nachthimmellicht) 89
Akkretionsscheibe 122, 153, 171, 224, 225, 228
aktive galaktische Kerne 123, 171
American Astronomical Society 25
Andromeda I, II und III (Satellitengalaxien) 115
Andromeda V, IX, VII; XI (Galaxien) 116
Andromeda VI, VIII, XXI, XXII, XIX (Galaxien) 116
  Andromeda-Galaxie *siehe auch* Lokale Gruppe
  Arme 128
  Bild 117
  Charakteristika 114
  Entfernung 34, 109, 114, 128
  HII-Regionen 115
  Halo 114, 104-205
  Infrarotbild 127
  Kollision mit Milchstraße 12, 85-87, 100-105
  Mittelpunkt 10 f.
  Portrait 10 f.
  Satelliten 115 f.
  in Schwarzweiß 38, 40 f.
  Spiralarme 38
  UV-Bild 36-38
  Zentralregion, Zentrum 10 f., 128 f.
Andromeda-Nebel 21, 22
Antennen-Galaxien 166, 201
Antlia-Mauer 220
Aquarius-Zwerggalaxie 120
Aristoteles 75
Arp 248 231
Arp 81 29, 57
Arp 188 (Kaulquappen-Galaxie) 69
Arp 248 231
Arp 269 106
Arp, Halton C. 135
Astronomy (Zeitschrift) 15, 229, 245, 248

B

Barnard-Galaxie (NGC 6822) 118, 132
  Balkenspiralgalaxien *siehe auch* Milchstraße
  bizarre (NGC 4921) 52 f.

linsenförmiges Zentrum (NGC 210) 58
M83 24, 161, 188, 190 f.
NGC 266 42
NGC 925 188 f.
NGC 1073 56 f.
NGC 1300 47-49
NGC 1530 50
NGC 3949 172 f.
NGC 7424 34 f.
  ungewöhnliche (IC 239) 58
Big Bang *siehe* Urknall
Blackeye-Galaxie (M64) 4, 24
blaue Sternhaufen 47
Blauverschiebung 152
BL-Lacertae-Objekte 121, 123
Bodes-Galaxie (M81) 24, 34, 184 f.
Bootes-I-Zwerggalaxie 222
Bulge, galaktischer 78 f.

C

Canes-Venatici-Wolke 159
Canes-Venatici-I-Gruppe 161 f
Canis-Major-Zwerggalaxie 110
Carina-Zwerggalaxie 113
Centaurus A (NGC 1528) 169, 186 f., 192 f.
Centaurus A/M83-Gruppe 160
Centaurus-Superhaufen 220, 222
Cepheiden (veränderliche Sterne) 10, 22, 25
Chandra-Röntgenobservatorium 177, 187
Circinus-Galaxie 121, 138
CL J1449+0856 216
Clowes, Roger 221
Coma-Haufen 165, 225
Coma-Superhaufen 216, 220
Curtis, Heber 25, 75
Cygnus A 121, 135
Cygnus X-1 122 f., 143, 223

D

Deep Sky (Zeitschrift) 14, 15
de Vaucouleurs, Gérard 28, 30, 156
Dobson, John 14
Dopplerverschiebung 26 f.
Draco-Zwerggalaxie 111
Dreiecksgalaxie (M33) 109, 113 f., 116, 118 f., 127, 188
Dunkelheit 24, 28, 32, 70, 74
dunkle Materie 96

E

Edge-on-Galaxien
  M82 24, 34, 184, 206–207
  M104 (Sombrero-Galaxie) 24, 43–45, 124, 139–141, 151
  NGC 2683 65
  NGC 4665 58, 60 f.
  NGC 4945 207–209
Einstein, Albert 28
elliptische Galaxien
  A2261-BCG 232
  Aussehen 31
  in Haufen 33
  Beispiele 29
  Fusionen 167
  Hercules A 136–138
  Illustration 29
  M32 130 f.
  M86 152, 155
  M87 153, 155
  NGC 474 64 f.
  NGC 2300 143
Elmegreen, Debra und Bruce 166
Ereignishorizont 171, 225 f.
Ergosphäre 225
ESO 137-001 219
ESO 243-49 231
Event-Horizon-Teleskop 153

F

Face-on-Galaxien
  IC 342 182–184
  M83 24, 161, 188, 190 f.
  M101 24, 162, 167, 204
  NGC 1073 56 f.
  NGC 3314 70f.
  NGC 5701 53
  NGC 6946 66 f.
Ferris, Timothy 14 f., 248
Filamente 157, 213, 220
flockige Galaxien 70, 72 f.
Fornax A 29, 159, 235
Fornax-Haufen 158
Fornax-Zwerggalaxie 98, 113
Frame-Dragging-Effekt 225
Fusionen von Galaxien 151-155, 163

G

G2 (Gaswolke) 125
Galaxien

1920er-Jahre 14
1930er-Modell 8
1950er-Modell 25, 32
Definition 18
Edge-on-Galaxien 43–45, 58, 60 f., 65, 187, 207–209
Entdeckung 25, 32
Face-on-Galaxien 53, 56 f., 66 f., 70 f., 182–184
Farben 26 f.
flockige 70, 72 f.
galaktische Gezeiten 166 f.
als Grundeinheiten 25, 32
Haufen 33 f., 150 f., 165, 213–216
hochenergetische 121
Hubbles Fotoplatte 20
als isolierte Regionen 8
junge 125
Klassifikation 28–31
kollidierende 85-87, 100–105
als komplexe physikalische Systeme 9
Reise zu ihnen 33 f.
Ringgalaxien 163, 177–179, 193
Rotverschiebung 27
Satelliten 74, 82–86, 110–114, 115–116, 132
Starburst-Galaxien 169, 187
Scheibe 8 f., 16 f.
Struktur 30
Urknall-Modell 8
verformte 69
wechselwirkende 106 f., 197, 238 f.
Zahl 32
Zwerggalaxien 34
Galaxiengruppen 34, 155, 157, 160, 162, 211 f.
Galaxienfusion 165, 167 f.
dynamische Kollisionen 165
kleine 171
Milchstraße 171
schlafende schwarze Löcher 169–171
in Zentren von Galaxien 169
Galaxienhaufen 33, 34, 58, 66, 150, 153, 155, 157, 171, 210, 212 f., 216, 218, 220, 222
Geller, Margaret 216
Gezeitenkräfte 166
Gezeitenschock 171
GLIMPSE 75
GN-z11 211
Gott, J. Richard 217
Gravitation 33, 74 f., 82, 100, 108-110, 113 f., 118-123, 150, 156, 160, 166, 169, 193, 216, 220, 226, 235
Große Magellansche Wolke 33, 82, 84 f., 92, 96
Große Mauer 216

H

Hawking, Stephen 122 f., 227
Hercules A 138
Hercules-Corona Borealis Great Wall 222 f.
Hercules-Haufen (M13) 81
Hercules-Superhaufen 216, 220
Herz- und Seelennebel 181
Hickson 34, 240
Hoags Objekt 163
hochenergetische Galaxien 121
Hooker-Teleskop 19-22
Hubble, Edwin 14, 19, 22, 156
Andromeda-Nebel 20 f.
Cepheiden 22, 25
expandierendes Universum 28
Größe des Universums 22
H335H 20-22
Hooker-Teleskop 19–22
Klassifikation der Galaxien 28
Lokale Gruppe 109
Mount-Wilson-Observatorium 14, 19–22
Urknall 27
Hubble Extreme Deep Field 168, 216
Hubble-Konstante 27
Hubble-Weltraumteleskop 27, 38, 70, 124, 139, 167, 204, 235
Huchra, John 216
Huge LQG 221
Humason, Milton 27
Hydra-Centaurus-Superhaufen 220

I

IC 10 113, 118, 134
IC 342 28, 160, 184
IC 1613 113, 118, 159
IC 2163 166, 203
Inflationstheorie 212
Inseluniversen 8, 9, 25, 75
Integralzeichen-Galaxie (UGC 3697) 241
interagierende Galaxien 106, 165
interstellares Gas 8

K

Kant, Immanuel 75
Kaulquappen-Galaxie (Arp 188) 69
Kerr, Roy 223
Klassifikation der Galaxien *siehe auch* Galaxien
Balkenspiralen 29
Charakteristika 28
Farben 26 f.
linsenförmige 28 f.
de Vaucouleurs 28
elliptische 29, 31, 33
kugelförmige Zwerggalaxien 28
Stimmgabel-Diagramm

ungewöhnliche 29
unregelmäßige 29
Kleine Magellansche Wolke 82, 84 f., 92, 96, 113, 235
Kokon-Galaxie (NGC 4490) 106 f.
kollidierende Galaxien 163
kollidierende schwarze Löcher 229
kosmische Entfernungsskala 14

L

Lagunennebel (M8) 76
Laniakea-Superhaufen 219, 222
Laser Interferometer Gravitational-Wave Observatory (LIGO) 229
Leo I und II (Galaxien) 113, 128
Leo-Triplett 34, 62
Licht
von der Andromeda-Galaxie 34
Geschwindigkeit 32
von der kugelförmigen Sagittarius-Zwerggalaxie 33
UV-Licht, Andromeda-Galaxie in 36–38
Lichtgeschwindigkeit 8, 32 f., 109, 124, 150, 210 f., 225
Lichtjahre 4, 13, 20, 22, 34, 38, 42 f., 47, 50 f., 53 f., 57 f., 62 f., 65 f., 69 f., 76, 78 f., 81 f., 86., 98, 100, 106, 109-111, 113-116, 118 f., 120, 122, 127 f., 132, 134, 135, 138 f., 143 f., 147, 150, 152, 155, 157, 160-164, 172, 177, 181, 184, 187, 188, 190, 193, 197, 198, 201-204, 207, 210-213, 216, 219, 220-224, 228 f., 231 f., 235, 237 f., 240 f.
linsenförmige Galaxien 29, 47
Loeb, Abraham 87
Lokale Blase 82
Lokale Gruppe
Definition 82, 108
Entdeckung 109
Galaxienentstehung 110
Größe 150 f.
Karte (Illustration) 112 f.
Mitglieder 109 f., 129
Lowell-Observatorium 14, 26
Lynx-Superhaufen 221

M

M7 76
M8 (Lagunennebel) 76
M13 (Hercules-Haufen) 81
M31 (Andromeda-Galaxie) 114
M32 38, 40, 115
M33 (Dreieck) 25, 100, 117 f., 120, 124, 126 f.
M51 (Whirlpool-Galaxie) 24, 162, 166, 198 f., 202

M51-Gruppe 162
M60 151, 155
M61 151, 155
M63 (Sonnenblumen-Galaxie) 54 f.
M64 (Blackeye-Galaxie) 24
M65 34, 62, 159
M66 34, 62, 159
M77 122, 124, 139, 144, 159
M1 (Bodes Galaxie) 14, 24, 34, 116, 160, 169, 184, 207
M81-Gruppe 160
M 83 (südliche Feuerrad-Galaxie) 24, 29, 34, 115, 122, 160 f., 169, 184, 187, 207, 225
M83 24, 160, 161, 188, 190
M84 152, 155, 160
M86 152, 155, 160
M87 29, 30, 152, 153, 155, 226
M89 155
M90 155, 159
M91 155
M94 151, 161
M96 151
M100 34, 155, 157, 177
M101 (Feuerrad-Galaxie) 24, 162, 167, 204
M101-Gruppe 162
M104 (Sombrero-Galaxie) 24, 43, 124, 139, 151
Maffei-Galaxien 114, 181
Magellansche Brücke 84 f.
Magellanscher Strom 84
Magellansche Wolken 85
Markarjansche Kette 155, 160
Mauern 220
Megaparsec 27
Messier, Charles 116, 151–155
Milkomeda 87, 171, 187
Milchstraße 24
  3-kpc-Arm 80 f.
  1920er-Jahre 14, 75
  1930er-Modell 8
  Airglow (Nachthimmellicht) 88 f.
  Aussehen 16 f.
  äußerer Arm 81
  Beschreibung 76–78
  als Balkenspirale 15, 76
  als Band 74
  Bilder 90–92
  Bulge 78 f.
  Carina-Sagittarius-Arm 81
  Definition 25
  Draco-Zwerggalaxie 96
  im Fernrohr 13
  Fornax-Satellitengalaxie 98 f.
  Fusion 167 f., 171
  GLIMPSE 76
  Größe 74
  Große Magellansche Wolke 33, 82, 85, 92-95

Halo 81
Hauptbestandteile 220
das Innere (der Kern) 76–78, 147–149, 241–243
Kleine Magellansche Wolke 33, 82, 85, 96–97
Kollision mit Andromeda 12, 85-87, 100–105
Kombinationsbild 241–243
langer Balken 79
NCG 6744 als größere Version 43
Norma-Arm 81
Orion-Cygnus-Arm 81
Perseus-Arm, 81
Röntgen-Hotspots 147
Satelliten-Galaxien 33, 74, 82–86, 110–114
Scheibe 16–17, 78–79
Schild-Zentaur-Arm 81
Spiralarme 76–77, 80–81
schwarzes Loch im Zentrum 146–147
Sterne in der 25
Sterne im Zentrum 147–149
zentraler Balken 709
Mount-Wilson-Observatorium 14, 19
Muschel-Galaxie (NGC 5291) 66

N

Nachthimmellicht (Airglow) 89
Nebel
  Andromeda-Nebel 20 f.
  erste Zeichnung 19
  Herz- und Seelennebel 181
  Hubble, Edwin 19–22
  Lagunennebel (M8) 76
NGC-68-Gruppe 167
NGC 147 113, 115
NGC 185 113 f.
NGC 205 38, 113, 115, 127
NGC 210 34, 58
NGC 253 (Sculptor-Galaxie) 157, 161
NGC 266 42
NGC 346 235
NGC 474 34, 65
NGC 660 34, 159, 177
NGC-708-Gruppe 162, 188
NGC 925 162, 188
NGC-1023-Gruppe 162
NGC 1073 57
NGC 1300 29, 47
NGC 1316 235
NGC 1398 58
NGC 1512 29, 53
NGC 1530 29, 50
NGC 1569 29, 47
NGC 2207 166, 203
NGC 2276 123, 143
NGC 2300 143
NGC 2623 193

NGC 2683 34, 65
NGC 2787 29, 47
NGC 2841 34, 70
NGC-2997-Gruppe 162
NGC 3115 124
NGC 3190 166
NGC 3239 29, 51
NGC 3314 70
NGC 3338 34, 63
NGC 3370 207
NGC 3628 34, 62
NGC 3949 172
NGC 4038 201
NGC 4039 201
NGC 4214 29, 237
NGC 4319 135
NGC 4490 (Kokon-Galaxie) 106
NGC 4535 151
NGC 4565 34, 58
NGC 4622 (rückläufige Galaxie) 34, 70, 167
NGC 4631 (Walfisch-Galaxie) 177
NGC 4650A 164, 193
NGC 4676 A und B (die Mäuse) 169
NGC 4725 122, 159, 177
NGC 4921 29, 53
NGC 4945 207
NGC 5033 155
NGC 5128 (Centaurus A) 169, 187, 193
NGC 5195 (Muschelschalen-Galaxie) 165 f., 198, 202
NGC 5544 197
NGC 5545 197
NGC 5701 29, 53
NGC 6744 43
NGC 6822 (Barnards Galaxie) 113, 118, 132
NGC 6946 34, 66
NGC 7320 197
NGC 7424 34
NGC 7714 34, 69
Norma-Arm 80

O

Omega Centauri 81
Oortsche Wolke 211
Orion-Cagnus-Arm 81

P

Palomar-Durchmusterung 113
Parsons, William 19
Pavo-Indus-Superhaufen 220
Perseus-Arm 80, 81
Perseus-Pisces-Superhaufen 216, 220
Polarring-Galaxien 164, 177
Protogalaxien 76, 110, 168, 216

Q

Quasare 120f., 123, 210, 221

R

Radiowellen 8, 120f.
Reionisierungsepoche 214
Reissner-Nordström-Lösung (für schwarze
    Löcher) 223
Ringgalaxien
  Definition 163f.
  Polarringgalaxien 164, 177–179, 193
Rotverschiebung 27, 120, 152
Russell, Henry Norris 25

S

Sagittarius-A-Stern 78
Sagittarius-Zwerggalaxie 33, 82, 110, 119
Satellitengalaxien 4, 38, 74, 81, 110, 114
Scheibe der Milchstraße 34, 78f., 92, 110,
    114
Scheibengalaxien 8
Schild-Zentaur-Arm 81
schwarze Löcher
  Akkrestionsscheibe 226
  Cygnus-X-1 122f., 143
  doppelte 228
  Ergosphäre 226
  Form 171
  Frame-Dragging-Effekt 226
  Größe 223f.
  in Galaxien 121
  in der Milchstraße 146f.
  intermediäre Masse 225
  Kerr 224
  kollidierende 229
  M87 153
  Monstergalaxie 232
  Reissner-Nordström 224
  Schwarzschild 224
  Simulation 224
  Singularität 225
  supermassereiche 124f., 225f.
  Typen 224
  Ursprung 122
  Verformung 34, 143
Schwarzschild-Lösung (für schwarze Löcher)
    223
Sculptor-Galaxie (NGC 253) 161
Sculptor-Gruppe 161
Sculptor-Zwerggalaxie 111
Seyfert-Galaxie 4, 138, 139, 144, 177, 207
Shapley, Harlow 25, 75, 111, 113, 156,
    165, 216
Shapley-Superhaufen 216, 219f.
Slipher, Vesto M. 14, 26

Sloan Digital Sky Survey 216
Sloan Great Wall 216 f.
Sombrero-Galaxie (M104) 24, 43, 124, 139
Sonnenblumen-Galaxie (M63) 28, 54
Sonnenmassen 4, 47, 78, 80, 82, 85, 113,
    114, 119, 124, 138, 143, 147, 152f.,
    161, 171, 184, 224-226, 231
stellare schwarze Löcher 223, 225
Stephans Quintett 165, 197
Sternparty 13
Stimmgabel 28, 30
Struck, Curtis 166
Südliche Feuerrad-Galaxie (M83) 190
Superhaufen
  Centaurus-Superhaufen 220
  Coma-Superhaufen 220
  Definition 34
  ferne Galaxie 220
  Hercules-Superhaufen 216, 220
  Hydra-Centaurus-Superhaufen 220
  Laniakea-Superhaufen 218-220, 223
  Lynx-Superhaufen 221
  Paco-Indus-Superhaufen 220
  Perseus-Pisces-Superhaufen 216, 220
  Shapley-Superhaufen 216, 220
supermassereiche schwarze Löcher 9, 123f.,
    171, 225
Supernovae 47, 66, 82, 157

T

Teleskope
  einfache 24, 163, 210
  Chandra-Röntgenobservatorium 139
  Event-Horizon-Teleskop
  große, mit billigen Spiegeln 14
  Hooker-Teleskop 19–22
  Hubble-Weltraumteleskop 8, 27, 120, 130,
    132, 167, 188, 235, 241
  Spitzer-Weltraumteleskop 75
  VISTA-Teleskop 96
Thorne, Kip 122f., 229
TON 618 224
Tucana-Zwerggalaxie 120
Tully, R. Brent 157, 213, 219

U

U1.11 221
UGC 3697 (Integralzeichen-Galaxie) 241
ungewöhnliche Galaxien 29
Universum
  Dunkelheit 28
  Expansion 8, 27f., 100, 211
  Galaxien (heute) 219
  Größe 32, 210-213
  großräumige Struktur 213
  größte Strukturen 221–223

Insel 8, 30
unregelmäßige Galaxien
  mit Balken 132f.
  Beispiele 29
  Illustration 29
  Lokale Gruppe 134
  NGC 1569 46f.
  verformte 51
Urknall 27, 109, 168, 211f., 216
Ursa-Major-Zwerggalaxien 111, 113
  Beispiele 29
  Illustration 29
  Lokale Gruppe 134
  NGC 1569 46–47
  verformte 51
Ursa-Major-Zwerggalaxien 111, 113

V

Virgo-Haufen 163
  Charakteristika 155
  Definition 151
  Entdeckung 151 f.
  Entfernung 34, 151 f.
  als Herz des Superhaufens 150, 154 f.
Virgo-Superhaufen
  Charakteristika 154–156
  Definition 155
  Größe 212
  Herz 150, 154 f.
  Illustration 154
  Lokale Gruppe 154
VISTA-Teleskop 96

W

Wagenrad-Galaxie 163
Walfisch-Galaxie (NGC 4631) 119
Webster, Adrian 220
Whirlpool-Galaxie (M51) 24, 162, 165 f.,
    198, 202
Wolf-Lundmark-Melotte 119, 135

Z

Zeitreisen 227
zentraler Balken 79
Zwerggalaxien 34
kugelförmige 28
unregelmäßige 46 f.
Zwicky, Fritz 119, 163